RUPES NIGRA
黑岩岛
HARMSWORTH-INSEL 哈姆斯沃思岛

KOREA 高丽岛

SANDY ISLAND
珊迪岛

● JUAN DE LISBOA
胡安·德里斯本岛

未知的南部大陆
TERRA AUSTRALIS INCOGNITA

幻想岛屿

揭秘传说中的三十个传奇岛屿

［德］迪尔克·利瑟梅尔 著

陈敬思 译

献给安德丽亚

前言

几百年来，航海者、国王、军人、海盗与制图学家们对某些虚幻岛屿的存在一直深信不疑。为了发现它们，人们不惜一次又一次出海远航，而不止一位船长声称，他们真的登上了奥罗拉群岛和彼岸岛，或是涉足了弗里斯兰岛、胡安·德里斯本岛、加利福尼亚岛以及未知的南部大陆。

本书中30座幻想岛屿的故事背后，是30段横跨大洋、穿越世界历史长河的旅程。每座岛屿都有属于它自己的故事，在这些故事的字里行间又时常闪现出属于那个时代的思想和想象，推动着岛屿故事继续发展。因此，当罗盘的雏形在欧洲风行时，制图学家们对磁力岛的设想并非空穴来风；而在南美洲的西班牙占领者中，更是流传着关于黄金小岛与想象中住着半裸亚马孙人的岩岛的传说；笃信上帝的基督徒梦想着在大西洋正中存在着一座属于虔诚教徒的乌托邦，同时对有魔鬼岛之称的撒旦岛畏惧不已。

不少岛屿来自古老的故事或是传说记载，像图勒和亚特兰蒂斯这样的岛屿甚至在航海大发现后的新时代，被人们当作真实的发现绘制在地图上。其他的岛屿则起源于人们的口口相传，比如6世纪爱尔兰神父布伦丹（Brendan）对幸福岛的搜寻，他的坎坷远航在后人的传说中足足有几百种不同的版本。还有的岛屿诞生于航海日志里的特殊记录或者飘忽不定的海市蜃楼之中，这些都源自人们的误解、精妙的笑话、貌似可信的骗局，甚至是恶劣的自吹自擂。不过就像海员们有时会将亲身经历与道听途说混为一谈那样，一个故事里究竟有多少添油加醋的成分，也只能由读者们自行猜测了。

探险远航同样为早期人们的地理知识储备带来了许多错误信息，最早的地图里只记载了一系列港口与危险的巨浪。有些假设甚至是建立在一些奇特的理论基础之上，比如地球平衡理论认为，在南半球或北极圈上必然存在着巨型大陆。在地图上，有些幻想岛屿像无人掌舵的船只，在人们业已认知的世界边缘漂游；有些幻想岛屿上面则标出了河流、山脉与城市的名字。

许多岛屿都是人们心驰神往的目标，比如因哲学家得名的康提亚岛，还有圣布伦丹群岛与传说中使哥伦布（Christoph Kolumbus）西行得以成行的安提利亚岛。因为一些并不存在的岛屿，世界各国之间纷争不断，英国断然宣称自己的国王对十几座这样的岛屿享有所有权，美国则通过独立战争占领了苏必利尔湖中两座臆想出的岛屿，甚至国际日期变更线都因为美国的一座幻想岛屿而向西拐了个弯。

证明一座岛屿不存在，往往比证明它存在更令人兴奋，同时也更加艰难危险。许多德国人站在了岛屿发现者的对立面，比如航空业先驱雨果·埃克纳（Hugo Eckener）、动物学家卡尔·春（Carl Chun）和极地研究者威廉·费通起（Wilhelm Filchner）。直到20世纪初，费通起还在为证明一座岛屿不存在而用生命冒险。这30座岛屿的故事绝不是"离奇"二字可以概括的，它们是某个更宏大的叙事中的一部分。我们人类一直想要概观世界，却受制于知识的有限；我们努力追求最终的某种确定性，却无法逾越时代带给我们的局限。人们很快便忘记了即使是制图学家也要学着区分传说、观点与事实。人类花费了漫长的时间来搜集可靠而宝贵的知识,而我们现在所认识的地球的样貌不过是一项历史不长的新成就。

时至今日,人类几乎已经发现了一切,丈量了一切,更研究了一切,但古老的发现时不时会忽然自海底浮出水面。几年前,墨西哥的议员们就墨西哥湾一座小岛的下落争论不休,在 2012 年 12 月又有新闻报道称,对一座太平洋小岛的搜寻无功而返,而这座岛此前甚至出现在了电子地图上。

也许在地图上还藏着几十座乃至上百座幻想岛屿,毕竟仅印度尼西亚便拥有一万多座岛屿。世界范围内的岛屿约有 13 万座之多,也许甚至多达 18 万座,如此庞大的数量为更多丰富多彩的故事提供了广阔的舞台。最新的一个故事开始于 2000 年 2 月 19 日:一篇刊登在报纸上的新闻中说,"奋进"号上的宇航员们在印度洋边缘的安达曼海发现了一组新的群岛。七座小岛呈环状坐落在泰国的海岸线附近,中间还有一座更加醒目的岛屿,群岛形状如同大象的眼睛,而中间的那座岛则像瞳孔。也许有朝一日人们会在地图上添加这组群岛的名字,也许人们会发现它们纯属子虚乌有,谁知道呢。

目录

001	安提利亚岛
008	亚特兰蒂斯岛
011	奥罗拉群岛
016	波罗的亚岛
019	贝尔梅哈岛
025	布韦群岛
033	巴西利亚岛
039	巴斯岛
043	拜尔斯 – 莫雷尔岛
047	克罗克地岛
053	弗里斯兰岛
059	哈姆斯沃思岛
069	胡安·德里斯本岛
073	加利福尼亚岛
080	康提亚岛
083	基南地岛

089　高丽岛

093　玛丽亚·特蕾莎礁

099　新南格陵兰岛

112　佩皮斯岛

115　费利波岛与蓬查特兰岛

121　黑岩岛

125　珊迪岛

133　圣布伦丹群岛

139　萨克森堡岛

143　未知的南部大陆

150　魔鬼岛

155　图勒岛

159　图阿纳基岛

162　威洛比地岛

166　关于地图

167　关于研究

168　参考资料

「大西洋」
安提利亚岛
ANTILIA

又名安图利亚岛（Atullia）、安提里亚岛（Antillia）、七城岛（葡萄牙语：Ilha Das Sete Cidades）

位置：北纬 31 度

大小：约与葡萄牙相当

发现时间：1447 年

出现地图：皮兹加诺兄弟（1367 年），祖阿尼·皮兹加诺（1424 年），马丁·贝海姆（1492 年）

ANTILIA · ATLANTIK

也许,克里斯托弗·哥伦布从未航行至大西洋上如此遥远的地方。15 世纪时有传言称,在遥远的大洋之上有一座名叫安提利亚的岛屿,那些扬帆启程寻找亚洲的人们可以在这座岛做出发前的最后一次靠岸停留,将新鲜的水果、淡水、食物与其他补给运上航船。"这座岛屿拥有的宝石与贵金属是如此之多,以至于他们寺庙和王宫的屋顶都覆满了金片。"来自佛罗伦萨的学者保罗·达尔波佐·托斯卡内利(Paolo dal Pozzo Toscanelli)于 1474 年 6 月 25 日在一封信里这样写道。

一直以来,航海者们探索着大西洋这片水域,不断发现着像亚速尔群岛和加那利群岛一样全新的岛屿,但没人知道这片海洋会向西面延伸多远。人们推测,它必然通向马可·波罗描述的亚洲,通向富裕的中国与神秘的日本。

要想前往安提利亚岛,托斯卡内利在信中继续写道,只需从里斯本出发一路向西航行即可。信中并没有提到要多久才能抵达这座岛,但托斯卡内利认为,从安提利亚岛出发,很快就可以到达日本。"还有 225 海里",也就是不到 1100 千米。他将这封信寄给了里斯本的教堂牧师费尔南多·马丁内斯(Fernando Martinez),马丁内斯是葡萄牙国王的亲信,当时有许多远航探险都是以这位国王的名义进行的。除此之外,托斯卡内利又额外给他的朋友克里斯托弗·哥伦布留了一份信件副本,这份副本让哥伦布确信,只为找到安提利亚岛而横跨大西洋远航无疑是一种冒险。

托斯卡内利并不是第一个提及安提利亚岛存在的人。早在1367年，这座岛屿便以一个稍有出入的名字出现在了威尼斯制图学家多梅尼科·皮兹加诺（Domenico Pizzigano）和弗朗切斯科·皮兹加诺（Francesco Pizzigano）兄弟绘制的地图上；地图上并没有画出这座岛，而是在最西侧画了一个伸出手的男子，旁边模糊的字迹写道："此乃安图利亚岛岸边护佑航海者之雕像，海上恶浪滔滔，恐水手失去航向。"此处所说的雕像可能指的是海格力斯之柱，根据传说中的记载，海格力斯之柱警告过往的船只要当心"黑暗之海"——西大西洋上一片未知的海域。

几十年后的1424年，两兄弟的后人祖阿尼·皮兹加诺（Zuane Pizzigano）首次在他的大西洋地图上用醒目的红色标出了一座岛屿，这座岛屿在葡萄牙西面的大海中，如同一根宽阔的矩形木梁。地图上这座岛屿的旁边写着"此岛名为安提利亚"。这座岛仿佛葡萄牙的镜像，名字则来源于葡萄牙语中的"ante-ilha"，意为"前岛"或"对面的岛"。岛上七个苜蓿叶形的海湾向内陆延伸，每一个港湾旁都建有一座城市。在安提利亚岛北方的海面上，祖阿尼还用蓝色标出了一座稍小一些的矩形小岛，名叫"撒旦内兹"，即"恶魔岛"。

安提利亚岛如此形似葡萄牙并非意外。"公元734年，来自非洲的强盗突袭伊斯帕尼亚半岛[①]，波尔图大主教和另外六位主教带着他们的男女随从一同逃至又名七城岛的安

[①]伊斯帕尼亚半岛即现在的伊比利亚半岛。——译者注

提利亚岛,带着他们从半岛带来的牲畜和财物在岛上安顿了下来。"来自纽伦堡的制图学家马丁·贝海姆(Martin Behaim)在他1492年制作的世界上首架地球仪上这样记载。但他搞错了年份:所谓"来自非洲的强盗"早在公元714年便征服了伊比利亚半岛,而非公元734年。

就在贝海姆制作出他的地球仪的同一时期,克里斯托弗·哥伦布也率舰队西行,向着亚洲的方向航行了好几周。即便哥伦布本人没有留下任何相关的书面记录,但他显然也知道安提利亚岛的存在,并且打算中途在这座岛上停留。虽然没有书面记载流传于世,但对他的远航而言,这座岛屿并不那么危险。就在地图上标注的安提利亚岛所在位置再往西几千千米的地方,哥伦布舰队中的瞭望员终于看见了陆地:那是加勒比海上的一片群岛,哥伦布将其命名为安的列斯群岛。

自哥伦布返航之后,安提利亚岛渐渐从地图上消失了,但基督徒们仍然在编造着和它有关的故事:他们幻想着有这样一座天主教岛屿,一个遵循古老宗教仪式,属于基督徒的乌托邦。基督徒中甚至流传着这样的传说:有一艘葡萄牙帆船在1447年真的抵达了安提利亚岛,船上的水手们在那里碰到了说着葡萄牙语的人,那些人还向他们打听阿拉伯人是否仍然统治着他们的故乡葡萄牙。

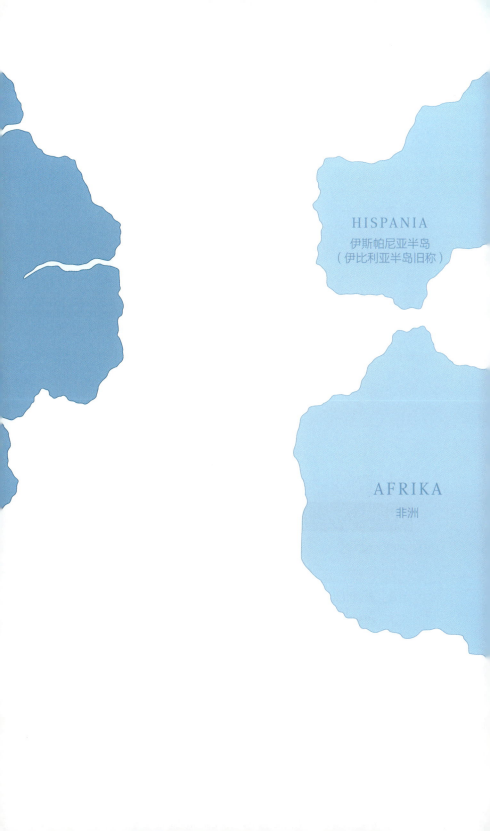

「大西洋」
亚特兰蒂斯岛
ATLANTIS

位置：赤道以北

大小：约与欧洲相当

发现时间：不详

出现地图：阿塔纳修斯·基歇尔（1644年）

ATLANTIS · ATLANTIK

地球有实体,也有灵魂。洋流像人体中的血液一样循环,退潮时水流入"体内",涨潮时再被泵出。耶稣会会士阿塔纳修斯·基歇尔(Athanasius Kircher)认为,地球的骨架是山脉,它们维持着地球的形状,遍布全世界,有的如阿尔卑斯山脉和喜马拉雅山脉一样高高地突出地面,有的埋在大洋深处,高峰露出水面成为岛屿。

基歇尔是17世纪最伟大的通才之一,他曾任教于罗马学院,这所位于罗马的耶稣会学校是后来的宗座格列高利大学的前身。他通读古希腊典籍原文,研究火山、古埃及还有飞龙的存在。他曾画了无数张草图,只为证明巴别塔可以通向月亮。

为了证明他的地球骨架理论,他开始研究传说中的亚特兰蒂斯岛的历史。根据柏拉图的记载,这座岛屿在短短的一天一夜里便不幸沉没在大西洋之中:先是一场地震撼动了整座岛屿,随后而来的潮水将亚特兰蒂斯岛和岛上的居民全部冲入大海。这场灾难发生在公元前9000多年,柏拉图在自己的记载中将年份定为公元前360年,并援引苏格拉底的话称,这一故事有史可查,绝非虚构的神话。自然科学家长期以来一直坚信亚特兰蒂斯岛只是个传说,但在出乎欧洲人意料的新大陆被发现之后,科学家们动摇了。新大陆上的人从何而来?我们的地球上曾经是否还存在过别的大陆?

阿塔纳修斯·基歇尔是第一个绘制出柏拉图记载的亚

特兰蒂斯岛的地理学家。1644年,他在地图上将亚特兰蒂斯岛画在了北美洲和伊比利亚半岛的中间。这一位置是有传说根据的:根据柏拉图的记载,亚特兰蒂斯岛位于海格力斯之柱另一端的大西洋上,面积比北非还要大。基歇尔所绘地图上的亚特兰蒂斯岛的轮廓很像佛兰德制图学家亚伯拉罕·奥特柳斯(Abraham Ortelius)所绘制的南美洲,只不过大小缩了水,又上下颠倒了一番,使得原本大陆南方的尖角指向北方。岛屿旁边写着:亚特兰蒂斯岛的位置,据埃及人及柏拉图记载绘制。

基歇尔的地图出版之后,整个欧洲都兴奋地相信这片沉没大陆的存在。基歇尔声称援引了埃及人的记载,这让当时的人们更加坚信,古埃及人所掌握的智慧要远远超越人们的想象。但他真实的信息来源我们至今也不得而知,即便是他的著作《沉没的世界》(*Mundus Subterraneus*)中也没有提及。

或许这位耶稣会会士只是拿亚特兰蒂斯岛开了个玩笑,而且也许并不是唯一一个。早在古埃及的象形文字被破译之前,他就常常和同时代的人吹嘘自己读得懂这种古文字,不过并没有人愿意指责这位著名的学者其实是个骗子。

「南大西洋」
奥罗拉群岛
AURORA-INSELN

位置：南纬53度，西经48度

大小：长118千米，宽不详（多座岛屿）

发现时间：1504年（韦斯普奇），1762年（"奥罗拉"号），1794年（亚力山德罗·马拉斯宾纳·迪穆拉佐），1856年（"海伦·贝尔德"号）

出现地图：劳瑞－怀特（1808年）

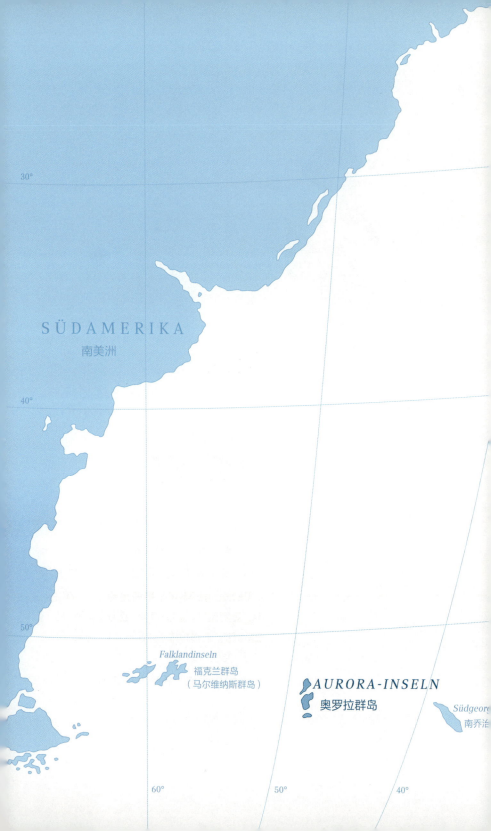

AURORA-INSELN · SÜDATLANTIK

1504年年初,亚美利哥·韦斯普奇(Amerigo Vespucci)自南美洲出发,顺风向东南方航行,驶向尚未有人涉足过的冰冷荒凉的南大西洋。他的船队不断向南航行,天空中熟悉的北方星座渐渐消失在地平线之后,4月3日晚,大小熊星座也从天空中消失了。韦斯普奇认为他们现在位于南纬53度,也就是直到1592年才被发现的福克兰群岛(马尔维纳斯群岛)附近。

忽然,风暴来临,狂风大作,桅杆嘎吱作响。"风暴之剧烈令整支船队都心惊胆战不已。"韦斯普奇这样记录道。波浪拍打着船头,泛着泡沫的海水冲上甲板,韦斯普奇下令收帆。他的船队现在离南美洲海岸还有3 000千米,此时临近南极洲的冬天,白天越来越短,而夜晚则越来越长,"4月7日的黑夜足足有15个小时"。就在这时,船员们的眼前出现了一片"全新的陆地",地图上没有记载过的"无人涉足过的海岸"。船队在严寒天气下围绕着岛屿航行了好几个小时,"我们目力所及的范围内一座港口都没有,也不见人影"。这座岛屿有将近20海里(118千米)长,韦斯普奇和他的船员最终驶离了那片海域,并没有登上小岛。

在之后的一百多年里,这座岛失踪了。制图学家猜测,韦斯普奇看到的也许只是一块巨大的浮冰,或是一座像亚特兰蒂斯一样沉入海底的火山岛,又或者不过是受了海市蜃楼的蒙骗。

1762年,又有人发现了这座岛:西班牙商船"奥罗拉"

号自秘鲁的利马出发,前往西班牙南部的加的斯（Cádiz）。"奥罗拉"号绕过合恩角,斜穿南大西洋,一路驶至韦斯普奇发现那座小岛的地点。船员们在那里发现了一系列岛屿,便以他们的船名将其命名为奥罗拉群岛。

30多年后,西班牙测量船"无畏"号在亚力山德罗·马拉斯宾纳·迪穆拉佐（Alessandro Malaspina di Mulazzo）的带领下起航寻找这组群岛。测量船从福克兰群岛（马尔维纳斯群岛）出发向东航行,2月21日下午五点半,船长在航海日志中记录道:"我们在南方远处的海面上看到了一片黑影,看起来很像一座雪山。"他们向着那个黑影驶去,发现"这是一座亭子（一说帐篷）形状的宏伟山峰,纵向分为两部分:东侧的一端是白色的,西侧则很黑"。"无畏"号一直航行到了距离这个岛海岸线1海里的地方。第二天,又一座岛屿出现了,"（这座岛屿）同样被白雪覆盖,但不如第一座那么高"。2月26日,船员们发现了第三座岛,"起初我们以为这是一片冰原,后来发现它并不能移动,实际上是一座岛屿"。这三座岛都位于南纬53度、西经48度,约位于福克兰群岛（马尔维纳斯群岛）和南乔治亚岛的正中。

自此之后,这座岛又一次淡出了人们的视野。1827年,詹姆斯·韦德尔（James Weddell）在寻找奥罗拉群岛无功而返之后猜测,西班牙人看到的群岛"很有可能是沙格岩"。呈锯齿状露出南大西洋海平面的沙格岩与奥罗拉群岛位于同一纬度,但经度上更靠东。

奥罗拉群岛也成为当时小说创作的绝佳素材。"18日,我们抵达了标出的地点,在附近巡航搜索了三天,但并没有寻得传说中的群岛的一丝踪迹。"1838年，作家埃德加·爱伦·坡（Edgar Allan Poe）将奥罗拉群岛写进了他的小说《亚瑟·戈登·皮姆的故事》，从而使这组群岛在文学世界中得以永垂不朽——尽管他让书中的主人公们往东南方向走得太远，与"无畏"号船员们记载的位置相差了1 300千米。

19世纪中叶，当这座岛再次出现时已然成了人们口中的传说。"白雪皑皑的奥罗拉群岛：视野里有两座岛屿（一大一小）"，1856年12月6日，"海伦·贝尔德"号的船长记录道，他的船员"一共看到了五座岛"。自此之后，奥罗拉群岛又一次从人们的视线中消失了……谁知道它下一次出现时会由几座小岛组成呢？

「波罗的海」
波罗的亚岛
BALTIA

又名波罗西亚岛（Balcia）、波西利亚岛（Basilia）、波西莱亚岛（Basileia）

位置：不详
大小：不详
发现时间：不详
出现地图：不详

BALTIA · OSTSEE

马克西穆斯竞技场是何等的富丽堂皇！竞技场内的一切都金碧辉煌，熠熠生辉。尼禄皇帝治下的罗马拥有史上最多的琥珀，根据普林尼（Plinius）的记载，就连主看台上的网都缀满了琥珀，角斗士的武器和担架也闪着充满魔力的光。不久前，罗马军团的士兵们才把一块硕大无朋的琥珀运进这座"永恒之城"，足足有13磅重！

全罗马城都为这块琥珀心醉神迷，当时的自然学家们则在猜测，这块宝石究竟来自何方？有些人认为它出产自利古里亚的矿坑；有些人推测，它或许源自遥远的亚得里亚海滨生长的树木——每当天狼星升上苍穹，黏稠的树脂便会自树皮中流出，而后在空气中凝结硬化；还有些人坚信，琥珀其实是对欧洲北部各种化石的统称，也正因为如此，琥珀才有从白色到蜡色的各种颜色。

最终还是某种古老的推测显得最为准确。早在公元前4世纪时，生活在马萨利亚（今法国马赛）的希腊商人皮西亚斯（Pytheas）便提到了波罗的海中一座叫作波西利亚的岛屿，但并没有说明它的位置。皮西亚斯的足迹遍布大半个欧洲，后人推测他曾航行穿过直布罗陀海峡，游历过不列颠岛和图勒岛，最终抵达波罗的海，发现了波西利亚岛。他的游记早已难觅真迹，只能从后人的引述中略知一二，因此关于波罗的海中哪座岛屿才是他所提到的波西利亚岛，一直争论不休。

公元前1世纪，西西里的狄奥多罗斯（Diodor）为皮西亚斯的记述补充了更多的细节。在他的记载中，这座岛屿的名字略有变动，"高卢北部"的"海上有一座名叫波西莱亚的岛屿，海浪将大量的琥珀金（Electrum①）冲上海岸，数量之大为世间所未见。关于这些琥珀金，流传着各式骇人听闻的传说，据说它们会为人们带来厄运"。记载中，他得知这种矿藏是被岛上的居民们带上大陆，而后再被运往意大利和希腊的。

琥珀有静电效应，普林尼在1世纪便观察到，琥珀经摩擦后可以吸附谷壳、干树叶甚至铁屑。正因为这一特性，琥珀在传说中拥有一种神秘的治愈力。普林尼继续观察，发现琥珀中有时还会封存着蚂蚁、蚊子和壁虎，因此这种石头必然经历了曾经呈液态，而后凝固的过程。关于波罗的亚岛，普林尼知之甚少，但他依然记载称，从斯基泰人的海岸出发，大约需要三天时间才能抵达这座位于波罗的海上的岛屿。也许波罗的亚岛的确存在，只是人们并不知道它究竟是哪一座岛屿罢了。

---

① Electrum 一词词源为希腊语中的 ἤλεκτρον，在希腊语中，此词既可以指琥珀金这种天然的金银合金，也可以指琥珀。——译者注

「墨西哥湾」
贝尔梅哈岛
BERMEJA

又名维尔梅哈岛（Vermeja）

位置：北纬 22 度 33 分，西经 91 度 22 分
大小：80 平方千米
发现时间：1536 年（阿隆索·德查韦斯）
出现地图：不详

The Triang...
三角群岛

Cayos Arca...
阿卡斯群岛

BERMEJA
贝尔梅哈岛

Arrecife Alacranes
阿拉克兰礁

22°

Sandy Island
桑迪岛

Bank
克岛

Sisal Bank
西塞尔班克岛

MEXIKO
墨西哥

BERMEJA · GOLF VON MEXIKO

在贝尔梅哈岛自地图上消失近五个世纪后，墨西哥政府于 2008 年夏天再度开启了对这座岛屿的搜寻。很快便有传言称，这座岛屿被觊觎这片海域的石油矿藏的美国派出特工部门炸毁了。此前美国已经在战争中偷走了墨西哥的大片领土，政客们担心，假如这座岛屿也被炸毁，墨西哥损失的不仅仅是领土，还有蕴藏大量石油的海床。最终他们成立了一个委员会，开启了对贝尔梅哈岛的搜寻。

墨西哥对于自己的领土向来忧心忡忡，关于墨西哥湾最早的记载几百年来都被视作机密文件。1536 年，阿隆索·德查韦斯（Alonso de Chaves）在他的《航海者之镜》（*Spiegel der Seefahrer*）中第一次提到了贝尔梅哈岛："这座岛屿靠近尤卡坦半岛边缘，位于北纬 23 度，在圣安东尼岬角西侧 14 海里处。"这座小岛从远处看泛着红色。

航海地图上的贝尔梅哈岛位于北纬 22 度 33 分、西经 91 度 22 分，大小约与北海上的尤伊斯特岛相当，距离墨西哥湾中的尤卡坦半岛 160 千米。1775 年，米格尔·德阿尔德雷特（Miguel de Alderete）率领一支西班牙舰队，对海底地形与墨西哥湾的岛屿进行了进一步的研究和测量。他们的航海日志中每隔一小时便记录一次当前的位置、航向、风向、降水量、距离和深度，但贝尔梅哈岛并没有出现在他们的记录中，在墨西哥湾航行的英国船只也没有见过这座岛。尽管贝尔梅哈岛自此消失在了大家的视线中，但人们并没有将它遗忘：也许那不过是一片平坦的礁石？

国际法中对于岛屿的定义非常清楚明确：一座岛屿指的并不仅仅是一片四面环水的土地，拥有一座岛屿的国家同样拥有岛屿周边 200 海里内专属经济区。尽管如此，墨西哥地理学家卡洛斯·孔特雷拉斯·塞尔文（Carlos Contreras Servín）在他 2009 年关于贝尔梅哈岛下落的报告中声称，这一定义已不再适用。他对墨西哥湾一片浅水区（Sonda de Campeche）里日渐被海水淹没的 223 座礁石表示担忧：当然，它们即便在水下，也仍然是墨西哥的专属经济区，但假如全球变暖继续使海平面升高，难道墨西哥要因此放弃对于广袤的墨西哥湾的权利吗？

2009 年夏天，一架墨西哥飞机受议会委托在墨西哥湾上空进行巡航，同时墨西哥国立自治大学派出了载着来自七所大学不同学科学者的"胡斯托·谢拉"号，海事秘书处随后也派遣了"里约·图斯潘"号和"卡琳·哈"号。几艘调查船发现了阿拉克兰礁与阿雷纳岛等长久以来被怀疑是否存在的岛屿，贝尔梅哈岛却不在其列。

不过墨西哥人并不需要放弃他们对墨西哥湾的权利，墨西哥和美国分别在 1978 年与 2000 年就墨西哥湾划界达成了协议，并且两次协议都对墨西哥一方有利。除此之外，墨西哥还在 2007 年向联合国成功递交提案，要求拥有更靠近美国领海的海域权利。这片海域位于墨西哥湾深处，比贝尔梅哈岛更远。自此之后，贝尔梅哈岛便彻底从人们的脑海中消失了。

布韦群岛
BOUVET-GRUPPE

THOMPSONINSEL
汤普森岛

54°

BOUVET & HAY
布韦－黑岛

BOUVETINSEL
布韦岛

LINDSAY-INSEL
林赛岛

LIVERPOOL ISLAND
利物浦岛

4° 5°

「大西洋」
布韦群岛
BOUVET-GRUPPE

位置：南纬54度26分，东经3度24分
大小：（布韦岛）长9千米，宽7.5千米
发现时间：1739年，1825年，1898年
出现地图：不详

BOUVET-GRUPPE · ATLANTIK

那是一个万里无云的周日清晨,"瓦尔迪维亚"号驶离开普敦海岸。太阳刚刚升起,阳光洒在平顶山上,峡谷在闪着光的峭壁的映衬下显得格外幽深。来自莱比锡的动物学家卡尔·春站在甲板上,忧伤地望着陆地。他和其他研究者在开普敦停留了七天,参加了一场由德国同胞组成的日耳曼协会主办的宴会,这次赴宴让他印象格外深刻:卡巴莱歌舞演员轮番登场,演讲家们竞相争取观众们的好感,还有一支"流浪汉交响乐团"在奏乐。

1898年10月13日,白色的科研船"瓦尔迪维亚"号扬帆起航,驶向鲜有人涉足的南部海洋。"根据英国人的航海图,在开普敦殖民地以南的广袤陌生海域只有一处岛屿被记录在案,但记载本身非常不确切。"卡尔·春这样写道。据说在南纬54度以南的南大西洋上有三座岛屿,也就是所谓的布韦群岛。许多探险家出海寻找它的踪迹,都无功而返,此时距离人们上一次亲眼见到这组群岛已经过去了约75年。

1739年,让-巴蒂斯特·夏尔·布韦·德洛齐耶(Jean-Baptiste Charles Bouvet de Lozier)发现了群岛中的第一座岛屿,他认为这座位于南纬54度、东经4度20分的岛屿是"未知的南部大陆"(Terra Australis Incognita)伸出的海岬。此后很长一段时间,人们都没有再见到这座岛屿,无论是1775年出发的詹姆斯·库克(James Cook),还是1843年起航的詹姆斯·罗斯(James

Ross），都无一例外地铩羽而归。然而在此期间有两名英国的捕鲸者声称自己见过这座岛：一名是1808年的詹姆斯·林赛（James Lindsay）；另一名是声称自己在1822年登上过这座岛的乔治·诺里斯（George Norris）船长，后者更是称自己在附近看到了另一座岛屿，并将其命名为汤普森岛。诺里斯船长宣称，两座岛屿都归英国所有。关于岛屿的位置坐标，一时间众说纷纭，以至于人们推测实际上存在着五座不同的岛：布韦岛、林赛岛、汤普森岛、布韦－黑岛和利物浦岛。

天朗气清，海面平静，"瓦尔迪维亚"号静静地行驶着。卡尔·春和船长阿达尔贝特·克雷希（Adalbert Krech）决定去寻找布韦群岛。"瓦尔迪维亚"号性能良好，是汉堡－美洲行包航运股份公司（Hamburg-Amerikanischen Packetfahrt-Actien-Gesellschaft，缩写HAPAG）新更换的一艘蒸汽船。1898年7月31日，"瓦尔迪维亚"号自汉堡出发，开始它长达32 000海里的航程：它先是向北环英国航行一周，然后向南沿非洲海岸线抵达开普敦，那时它正向着南极洲的方向一路驶去，之后它在完成对印度洋的考察之后沿苏伊士运河进入地中海，并最终回到母港汉堡。在这次旅行中，卡尔·春的科研活动收获颇丰：他记述这次科考之旅的学术著作共有24卷，直至1940年才真正完成。

他在此次远航中还勘测了最后一块未知的大陆：海底大陆。卡尔·春为了这次科学考察能够顺利成行，多年来四处奔走游说，提交方案，发表演说，不厌其烦地上百次提到英国人和美国人已经在深海探测上占据先机，德国人也不应该甘于人后。最终,卡尔·春被任命为德国历史上首次大规模深海探测考察的负责人。

19世纪末的大洋深处令人们浮想联翩。"人们时而认为海底深不可测、了无生气,"卡尔·春这样写道,"时而又认为海底不过是地球表面地形的映象,在那里生活着幻想中的生物。"对于海底的勘探始于1818年,那一年英国海军少将约翰·罗斯(John Ross)在乘船途经加拿大与格陵兰岛之间的巴芬湾时,从1500米深的水下打捞出一只缠在测深绳上的活的筐蛇尾(Gorgonocephalus),它也因此成了证明深海有生命存在的第一个证据。

1898年11月14日,"瓦尔迪维亚"号上的研究者们已经将测深绳放到了4000多米的深度。海面上滔天巨浪汹涌澎湃,气温也渐渐降低,14日中午12点的气温尚有17.4摄氏度,两天后的同一时间便降到了7.8摄氏度,11月22日时,气温已降至零下1度。科学家们倒很享受这种寒冷的天气,毕竟先前很多人在非洲不幸患上了疟疾,但降温来得如此之快,很快船上几乎所有人都感冒了。最终船上开启了蒸汽取暖装置,舒适的暖意笼罩着船上的大厅与各个船舱。

11月20日,气压下降了。天色渐渐阴沉下来,天空在泛着白色泡沫的浪头的映衬下显得格外黑暗,风向也转为南风,这股从南极刮来的十级大风在陆地上足以将树木连根拔起,巨浪拍打着船身发出雷鸣般的轰响,波涛飞溅过甲板,为了不被大海吞没,"瓦尔迪维亚"号放慢了航行的速度。突然间,咆哮的波涛间跃出一只企鹅,它用嘶哑的声音叫着,用鳍有力地拍打着水浪,不时在浪花中跃出水面，紧紧地跟着这艘船。灰白相间的鸟儿盘旋在这艘蒸汽船上空。

第二天早上，天气放晴了。波浪自北方滚滚而来，这是一片狂野的海，壮观的蓝色海面上泛着白色的泡沫。"瓦尔迪维亚"号逆风航行，波浪持续拍打在船舷上啪啪作响。船上实验室里的玻璃器械从架子上跌落，保存标本用的液体顺着楼梯淌了一地，转椅在大厅里横冲直撞，碟子、餐刀和勺子在盒子里叮当作响，船上的侍者端着早餐似跳舞般在桌子间穿行。大家"都看管着自己煮得嫩嫩的蛋与满满的一杯茶"，谁都没什么值得嫉妒的，卡尔·春这样记载道。中午时分，气压计上的指数再次升高了，风力渐渐减弱，风向也转为北风。雨点混着冰雹砸在甲板上，海面上雾气升腾。蒸汽船以半速前行，隔一阵子便鸣响汽笛，通过汽笛声的回音判断前方是否存在冰山。

11月24日，远航的一行人抵达了英国海军地图上标记的布韦群岛所在地：南纬54度。领航员在同一张地图上标记了群岛中所有岛屿的坐标位置。天空中的云层不时散开，太阳便从云的缝隙间短暂地出现并洒下阳光，但强劲的北风依旧不停，甲板上结满了冰。船上的一行人都希望能够找到这座岛屿：几天前他们测量的海底深度还在4 000米至5 000米之间，有两次甚至超过了5 000米，昨天的海底深度为3 585米，今天早晨便只有2 268米了。

"瓦尔迪维亚"号极有可能驶经了一座海底山峰，而那座岛屿便是山顶。科学家们展开了自东向西的系统搜寻，海面上依旧雾气弥漫，海水由于微小的水藻而显现出绿色。太阳从云层中洒下光芒，地平线上仿佛出现了什么，船员们聚集在甲板上，眯起眼睛认真打量着：唉，不过是大朵的云罢了！

次日（11月25日）一早，船到达了记录中岛屿的所在地，这里的海深再一次达到了3 458米，空中飞过的几只鸟证实了附近陆地的存在。研究者们抓住了两只小长尾鸠，它们的前腹部都有一块供血充足的裸露区域，即起到保暖作用的孵卵斑。天气依旧反复无常：上一刻暴风雪还在拍打着海面，转眼间便又恢复了平静。

中午时分，第一座冰山出现了。在阳光下闪着光的冰山显得格外雄伟壮观，浅蓝色的薄雾笼罩着这个庞然大物，冰山上的裂隙与山洞闪着深沉的钴蓝色。冰山顶上的云雾虽然和波浪上的泡沫一样白得刺眼，但在冰山的衬托下看起来显得灰黄一片。下午天气转阴，大家的视野里除了云层别无他物。船长克雷希"以一种非常海员的方式"咒骂以前的航海者，卡尔·春记载道。他和船长一致同意，到日落时便停止搜寻。

忽然大副喊道："布韦群岛就在前面！"这时是下午3点半，所有人奔上甲板，一路冲向船头的舷栏杆旁，登上舰楼。海面上"右前方7海里处浮现出一个模糊的轮廓，而后逐渐清晰——一座地势陡峭的小岛带着极地特有的宏伟与野性出现在人们面前：岛北侧是高而险峻的陡坡，还有直通向海平面的巨大冰川，被粒雪覆盖的广阔荒野径直向南方延伸，与大海中顶部隐没于云层中的冰墙相连"。海水里可以看到海葵和海鳃，人们还从水下捕获了贝类、螃蟹和石鳖。

第二天，"瓦尔迪维亚"号绕岛航行一周，研究者们测出岛屿长5.1海里、宽4.3海里，正确的方位坐标是南纬54度26分、东经3度24分，岛上没有树，也没有河流。当日海上波涛汹涌，不适宜登陆，除此之外，岸边竖起的陡峭冰墙同样阻挡了船员们靠岸。岛上有一座火山喷发形成的山峰，卡尔·春将其命名为"威廉皇帝峰"，以此来致敬十分关心这次科考远航的皇帝陛下。卡尔·春认为，布韦岛和德国的吕根岛实际上位于赤道两端的等同纬度上，人们不妨想象一个终年白雪皑皑，冰川遍布，即便是在炎炎夏日也覆着厚厚冰层的吕根岛。

11月27日，周日，这一天本是大家的休息日，但船员们决定继续寻找其他的岛屿。当天夜里，他们顶着漫天大雪向北航行，最终在早上6点抵达了记载中汤普森岛的所在地，此处海深1849米，但没有一丝岛的踪影。这里的海底过于平坦，并不可能有火山岛赫然露出海面。科考船在汤普森岛位置方圆10海里的区域内进行了搜寻，无奈海上波浪滔天，雪花急飞，吹得船上的锁具都结了一层冰。

他们不得不回到布韦岛。"厚厚的云层像面纱，遮掩了岛屿的芳容，不让我们再看它最后一眼——直到这时我们才明白，尽管罗斯只离他原定的航向偏离了不到4海里，但实际上他连这座岛的影子都没有见到。"卡尔·春这样记录道。英国航海家詹姆斯·罗斯于1843年在大雾弥漫的天气下试图寻找这座岛屿未果。也正因为如此，卡尔·春认为在这一纬度并没有其他岛屿存在。

后来人们证实，让-巴蒂斯特·夏尔·布韦·德洛齐耶和詹姆斯·林赛看到的岛屿实际上是同一座。为了纪念这座岛屿的第一位发现者，这座岛屿依然名为布韦岛，而布韦-黑岛、利物浦岛和汤普森岛相应位置的海域深度都超过了2 400米,所以这些岛屿并不存在。

小知识

1927年,挪威科考船"挪威吉亚"号的船长哈拉尔·霍恩维特(Harald Hornvedt)占领了无人居住的布韦岛。1930年,在一系列外交谈判后,布韦群岛正式成为挪威属地。整座岛屿几乎完全被冰川覆盖,最高点为780米高的奥拉夫峰。

「大西洋」
巴西利亚岛

BREASIL

又名欧巴西利亚岛（O'Brazile）、巴西岛（Hy Brasil）、巴雷西岛（Hy Bereasil）、巴西岩（Brazil Rock）、巴雷西利岛（Bracile）

位置：爱尔兰西侧

大小：不详

发现时间：1674年（约翰·尼斯比特）

出现地图：安杰利诺·杜切尔特（1325年），安德烈亚·比安科（1436年），约翰·珀迪（1825年）

55°

54°

53°

52°

BREASIL
巴西利亚岛

BREASIL · ATLANTIK

七年中只有一天大雾会消散。雾气一散开，一座极乐净土般的小岛便仿佛从虚无中现身，出现在人们眼前：各处植物花朵盛开，树上结着甜美的果实，地面上珍贵的宝石熠熠生辉。早在 6 世纪时，凯尔特僧侣们便记载过这样一座岛屿，它就藏在爱尔兰所面对的大西洋上某处。这座岛屿的名字 Breasil 由爱尔兰盖尔语中的 breas 和 ail 组合而成，意为"伟大而绝妙"，或是"精妙绝伦"。Breasil 一词也曾被爱尔兰人用来称呼某种神圣的生物。

长久以来，这座岛屿只存在于传说中。自它被文字记载下来，人们便开始了对它的搜寻。14 世纪时，这座岛屿出现在了一张波特兰航海图上：来自马略卡的地理学家安杰利诺·杜切尔特（Angelino Dulcert）将巴雷西利岛——这是他对这座岛屿的称呼——标在了爱尔兰西面几十海里的位置。他这张近乎空白的地图只是为了满足航海者的实用需要，地图上标注的也只有海岸线、港口、岬角、礁石、沙洲和当地的风向。这样的地图多出自意大利人的航海图册。起初这些图册里只是记下港口名和关于如何驶过危险地带的航海指南，随着罗盘的发明，图册里又增添了海岸线。也许杜切尔特听信了某位水手的说法而将这座岛屿记录在案，而水手们又向来热衷于互相讲述自己的亲身经历或是道听途说的故事。

自此之后，巴西利亚岛不断出现在各种地图上，有时作环形礁石状围绕着更小的岛屿，有时被画成大一些的两座岛屿，而它的名字也同它的形状一样多变：有 Hy Brasil、Hy Bereasil 等。它在地图上足足待了五个多世纪，超过了其他所有幻想岛屿，但它的位置却离爱尔兰越来越远，仿佛试图不让人们发现它：在威尼斯人安德烈亚·比安科（Andrea Bianco）绘于 1436 年的地图上，巴西利亚岛已然向南移动了许多，挨着一座属于亚速尔群岛的稍大些的岛屿。

15 世纪末，英国派出多支船队，对这座岛屿进行搜索。直到 1674 年，来自基利贝格斯的约翰·尼斯比特（John Nisbet）船长才发现了这座岛屿的踪迹，而他发现它的地方正好与最早的传说相符。尼斯比特在爱尔兰附近的一片雾堤中驾船行驶了好几天，大雾才散开。"是山岩！"他大喊，随即命令船减速抛锚，然后带着三名船员划小船上岛。岛上有绵羊、黑色的兔子和一座城堡。他们敲门，但没人应答，也没人开门。夜幕降临，他们在海滩上生起火来，忽然间，岛上其他的声音都消失了，只有可怕的声响萦绕在耳畔。尼斯比特和他的船员迅速划船回到了自己的船上。第二天白天，他们又冒险登上了小岛，海边站着几位衣着古旧、言谈过时的老人，他们自称被囚禁在那座城堡里，正是船员们在海边生起的篝火解除了禁锢他们的诅咒，而那座城堡也坍塌了。老人们告诉他，这座岛叫作欧巴西利亚岛。尼斯比特将老人们带上了自己的船，和他的货物一同带去了基利贝格斯。

从此之后再也没有人见过巴西利亚岛，也许它又一次隐身于雾堤之中。这座岛在地图上的面积也日渐缩小，在约翰·珀迪（John Purdy）于 1825 年绘制的北大西洋海图上，它不过是一块名叫"巴西岩"的岩石，孤零零地露出海面。

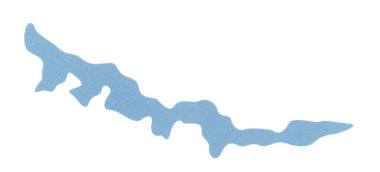

「大西洋」
巴斯岛
BUSS

又名巴思岛（Bus）、布斯岛（Busse Island）

位置：北纬 57 度 01 分，岛屿北侧可达北纬 58 度 39 分

大小：长 150 千米，宽不详

发现时间：1578 年（詹姆斯·牛顿），1606 年（詹姆斯·霍尔），1671 年（托马斯·谢泼德）

出现地图：埃默里·莫利纽克斯（1592 年），约翰·塞勒（1671 年），基思·约翰斯顿（1856 年）

BUSS · ATLANTIK

英国航海家马丁·弗罗比舍（Martin Frobisher）将"伊曼纽埃尔"号孤零零地留在了北美洲的岸边，并没有带着这艘漏水的船一同去寻找通往美洲最北端的航线。"在狂风的攻势下，'伊曼纽埃尔'号驶向海边的背风区，不得不冒着锚索断裂的危险抛双锚停航躲避风暴。"船上的同行者托马斯·威尔斯（Thomas Wiars）记录道。到了第二天（1578年9月3日），天气转晴，"伊曼纽埃尔"号上的漏洞多少得到了修补，众人起航返回英格兰。

9月8日，"伊曼纽埃尔"号抵达了冰岛南方的弗里斯兰岛。当船回到海上时，海面上正刮南风，第二天一早，"伊曼纽埃尔"号转向东南，向爱尔兰的方向航行。

到了返程的第12天，海上不断出现浮冰，这一天的上午11点，船上的众人看到了陆地，距离船大约有25千米。船主兼船长詹姆斯·牛顿（James Newton）以"伊曼纽埃尔"号的船型——双桅渔船（Buss，德语Büse），一种适用于远洋航行的商船——为这座岛屿命名。牛顿估计，弗里斯兰岛位于他们首次见到巴斯岛的位置西北方约150海里处，巴斯岛南段位于北纬57度01分，岛上有两座天然海湾，全岛长75海里。这座岛在"伊曼纽埃尔"号足足航行了28个小时之后才从人们的视野中消失。

14年后，巴斯岛出现在了英国数学家埃默里·莫利纽克斯（Emery Molyneux）1592年制作的地球仪上，尽管"伊曼纽埃尔"号当时仅是沿着岛的南侧海岸航行，但莫利纽克斯补全了岛屿的另一侧海岸，绘制出了一条封闭的海岸线。

1606年，为丹麦国王克里斯蒂安四世效力的舵手詹姆斯·霍尔（James Hall）再次发现了巴斯岛："7月1日，我们发现8里格外有陆地存在，陆地的西南海岸覆盖着大片的冰原。"当晚，他们一路向着陆地驶去。"我认为我们看到了巴斯岛，尽管它的实际位置要比海图上标的更靠西。"

人们第三次对巴斯岛发起了搜寻：1671年，皇家水文地理学家约翰·塞勒（John Seller）出发前往巴斯岛，发现它的实际位置比记载中偏北几海里，船长托马斯·谢泼德（Thomas Shepherd）记载称，在此处海域见到了鲸鱼、海象、海狗和鳕鱼。谢泼德船长认为，每年可经此海域通航两次。巴斯岛南部地势低而平坦，西北端则分布着几座山脉和丘陵。塞勒在地图上画下了岛的轮廓和岛上的十二处地点，并以哈得孙湾贸易公司的董事为它们命名。

1675年5月13日，哈得孙湾贸易公司自英王手中获得了这座岛屿的所有权：他们向查尔斯二世支付了65英镑，获得了这座位于北纬57度和59度之间的岛屿，包括它所有的海湾、周边的小岛、岛上的河流和海峡。根据这份永久有效的协议，哈得孙湾贸易公司可以在这座归英王管辖的岛屿附近捕捉鲸鱼、鲟鱼，以及其他各种鱼类，并以此进行贸易，岛上发现的黄金、白银与各种名贵矿石同样直接归贸易公司所有。

同一天，托马斯·谢泼德船长还核算了发现和开发这座岛屿的开销：船只、人员和器具的数量，以及各种费用等。

几个月之后，托马斯·谢泼德再次出海，横跨大西洋，在北美洲的哈得孙湾过冬。此后,人们对巴斯岛的兴趣神秘地消失了:也许是发现新大陆的兴奋过于强烈,以至于巴斯岛已丧失了吸引力。对它的系统搜索也未见记载,只有一名哈得孙湾贸易公司的雇员提到过这座岛,但后来也没了下文。

七年后,人们已经不再相信巴斯岛的存在了。1745年的一张英国地图上写着:"沉没的巴斯岛早已隐没在波涛之中……有四分之一英里长的部分露出波涛汹涌的海面,这很有可能是曾经著名的弗里斯兰岛。"而在其他的地图上则只写着"沉没的巴斯岛"。

18世纪,航海者们在爱尔兰西部寻找平坦的海域。1776年6月29日下午,巴斯岛曾存在的那片海域风平浪静,理查德·皮克斯吉尔(Richard Pickersgill)少尉放下测深锤,发现此处海深420米。"我们向东北方向又行驶了大约2英里,测出海深为290英寻,海底是细密的白沙,同时我们观测到天空中有乌鸦和海鸥等鸟类飞过,说明陆地就在不远处。"皮克斯吉尔这样记录道,并猜测假如巴斯岛有朝一日再次出现,"往来的船只可以在此地过冬,这座岛屿可以成为供海员积累经验的'学校'"。

1856年,巴斯岛最后一次出现在地图上的同一位置,不过仅仅是一个极小的无名点罢了。

「太平洋」

拜尔斯 – 莫雷尔岛

BYERS UND MORRELL

位置：拜尔斯岛：北纬 28 度 32 分，东经 177 度 04 分；莫雷尔岛：北纬 29 度 57 分，东经 174 度 31 分

大小：两座岛屿均周长 4 英里

发现时间：1825 年（本杰明·莫雷尔）

出现地图：《泰晤士世界地图集》（1922 年）

BYERS UND MORRELL · PAZIFIK

美国船长本杰明·莫雷尔（Benjamin Morrell）热爱阅读冒险文学和各种游记。他的船长室里堆满了詹姆斯·库克、乔治·温哥华（George Vancouver）和其他探险家的著作。1825年，他驾驶着多桅帆船"鞑靼人"号开始对太平洋进行探索。他自东向西航行，经过夏威夷群岛后继续向东北方前行，于7月12日跨过了180度经线，即国际日期变更线：这是一条人为规定的线，纵穿太平洋，连接南极点和北极点，每艘自东向西（比方说从美国前往中国）穿过这条线的船便在跨过这条线的同时进入了第二天，而自西向东（从中国前往美国）行驶的船在跨过这条线时便到达了前一天。

7月13日，莫雷尔发现了一座陌生的岛屿——他终于也成为可以载入国家史册的发现者！这座岛屿位于北纬28度32分、东经177度04分，只是刚刚凸出海面。根据莫雷尔的观察，岛上生长着灌木丛和低矮的植被，还生活着海鸟、绿蠵龟和海象。莫雷尔估计，岛的周长约有4英里，沙质的海滩极方便船只抛锚停泊，唯一的危险在于东南侧有一片向西南方向绵延2英里的珊瑚礁。这便是莫雷尔所见的一切，他以他的雇主、来自纽约的船主詹姆斯·拜尔斯（James Byers）之名，将这座小岛命名为拜尔斯岛。

莫雷尔船长并没有在这座岛上多做停留，当天便继续向着西北方向航行了。第二天凌晨4点钟，他的船员发现波浪正细碎地散开，他们转向西南一片礁石的方向行驶了一个小时,到了早上6点,他们的船已经被海浪带出了半英里远,但视野里依然没有陆地的踪影。他们沿着一片珊瑚礁的西端,以每小时7英里的速度缓慢前行,终于,水手们在桅杆顶端看到了西北方向有陆地存在。10点钟左右,他们接近了这座狭长平坦的小岛,岛上到处都是海鸟,海岸上趴着海象。"岛上绿蠵龟的数量极多,我们还看到了两只真正的玳瑁。"莫雷尔记录道。这座岛屿是火山喷发的产物,高出海平面一点,周长大约4英里,岛中心位于北纬29度57分、东经174度31分。莫雷尔并没有在这座后来与他同名的岛上找到什么有价值的东西,于是便留它"自生自灭"了。

本杰明·莫雷尔回到纽约之后便被他的雇主解雇了:詹姆斯·拜尔斯原本期待莫雷尔的发现能给他带来经济上的收益,可一个以他的名字命名的岛又顶什么用呢?

但拜尔斯-莫雷尔岛却留在了地图上,并顺利通过了50年后即1875年对岛屿进行的"大盘点":水文地理学家弗雷德里克·埃文斯(Frederik Evans)受英国海军部之托,对数量繁多的航海日志进行相互比对,并最终从英国官方的太平洋海图中删去了123座岛屿。但埃文斯还是留下了五处错漏:他删去了三座实际存在的岛屿,拜尔斯-莫雷尔岛却成了留在地图上的漏网之鱼——那时已有不少航海者怀疑这两座岛是否真实存在。

也许埃文斯只是为了避免因此导致的外交纷争:尽管拜尔斯-莫雷尔岛在180度经线西侧,但美国已成功使得国际日期变更线在北太平洋上向西弯折移动一段,以便让这两座岛能够留在国际日期变更线"前一天"这一侧。

1907年，拜尔斯－莫雷尔岛自地图上消失了。1910年，北太平洋上的国际日期变更线也随之改直，但时至今日国际日期变更线依然不是笔直的。

到了20世纪初，本杰明·莫雷尔已被认为在编故事这方面极有天赋，而人们也早已证实，他不仅读过詹姆斯·库克和乔治·温哥华等前辈的游记，更在自己的航海日志中借鉴了不少前人的内容。一方面他想借此美化自己的记录，另一方面他也的确梦想着能遇上真正的大发现。背负着"太平洋上大骗子"名号的莫雷尔很快便被讽刺为美国版的"吹牛大王"[1]。但他的批评者们不知道的是，莫雷尔留下的故事中有一个直到今天也没有被戳穿，地图上时不时还会出现一座名叫"新南格陵兰岛"的小岛。

---

[1]原文为Baron Münchhausen，为德国民间故事《吹牛大王历险记》的主人公敏希豪生男爵，以爱说大话著称。——译者注

「北冰洋」
克罗克地岛
CROCKER LAND

位置：北纬 83 度，西经 100 度

大小：不详

发现时间：1906 年（罗伯特·皮尔里），1914 年（唐纳德·麦克米伦）

出现地图：未注明年代的地图（1910 年前后）

CROCKER LAND · NORDPOLARMEER

1914 年 4 月中旬，格陵兰岛北侧大雾弥漫，天色阴沉。唐纳德·巴克斯特·麦克米伦（Donald Baxter MacMillan）及其同行者一道来到了人们第一次见到克罗克地岛的地方，这座神秘莫测的岛是麦克米伦心目中北极地理的最后一个谜团。

4 月 21 日，天气转晴了。如他们所料，陆地出现了！麦克米伦一下便辨认出了岛上的地形轮廓：这座岛自西南延伸至东北偏北方向，几乎填满了整个地平线。麦克米伦抓起望远镜，对好焦，在视野中看到了雪白的峡谷和被白雪覆盖的峰顶。他看得如痴如醉，两名同伴欢呼雀跃，毫无疑问，他们这次远航科考必然会大获成功。只有两名因纽特人持怀疑态度，始终一言不发。

美国自然历史博物馆、美国地理学会和伊利诺伊州大学资助了麦克米伦的这次远航。为了这次旅行，麦克米伦挑选了一批既年轻又有天赋的研究者同行，其中包括一名地理学家、一名动物学家、一名地球物理学家、一名无线电报务员和一位同时负责众人伙食的技师。除此之外，麦克米伦还带了一个年轻的因纽特男孩，男孩自小便被一支考察队带到了纽约，此次远航中由他充当翻译。

1913 年 7 月 2 日，麦克米伦一行人自纽约启程，并于 8 月中旬到达格陵兰西北端的伊塔，这里是地球上最靠北的人类居住地。雇佣来的因纽特人在这里为他们建起了一座有八个房间和一间储藏室的小楼，自此之后研究者们便全靠着狗拉雪橇接受外界的消息。

1914年3月10日，唐纳德·麦克米伦、菲茨休·格林（Fitzhugh Green）和埃尔默·埃克布劳（Elmer Ekblaw）北上前往克罗克地岛的所在地，这座巨大的岛屿在不久前的1906年刚刚被人发现。依照极地学家罗伯特·皮尔里（Robert Peary）的说法，这座岛属于北极群岛，大约位于加拿大埃尔斯米尔岛以北210千米，在格陵兰岛西北方，坐标为北纬83度、西经100度，距北极点并不远。皮尔里以他的赞助人、不动产商人、铁路及银行经营者乔治·克罗克（George Crocker）的名字将这座岛命名为克罗克地岛。

与麦克米伦等人同行的还有七个因纽特人，他们负责拉动狗拉雪橇上两吨重的行李。此刻气温是零下45度，前方还有2 000千米的遥远路程，为了节约存粮，不断有同行者折返回他们在伊塔的营地。

4月14日一早，在出发五周多之后，麦克米伦和格林同皮阿瓦图（Peea-wah-to）以及意图卡舒（E-tooka-shoo）两位因纽特人一道坐着狗拉雪橇向着冻结的北冰洋进发。一周后的4月21日清早，格林忽然向雪屋中喊道："我们找到了！"地平线上，丘陵、峡谷与山峰清晰可见：是克罗克地岛！

唐纳德·麦克米伦带着一行人在接下来的五天里继续向着北方前进，最终他们抵达了皮尔里仅仅远远眺望过的地方：一座他认为的一千米高的山峰。麦克米伦环顾四周，一无所获。灰心丧气的他和其他人一起决定踏上返程，却忍不住一再回望。到了晚上，他记录道："在白日的光线下，冻结的海洋看起来就像一块巨大的陆地，我们被骗了。正当我们准备返回时，它看起来又那样近，近得触手可及。"他沮丧地补充道，"我过去四年的梦想不过是幻想罢了，我的希望就这样在苦涩的失望当中破灭了。"

麦克米伦一踏上坚实的陆地，冰面便裂出了巨大的裂缝，冰块四下漂散。他们及时返程可真是撞了大运！但很快，他们的面前聚积起了巨大的冰山。就在麦克米伦和意图卡舒选择直接返回伊塔营地的同时，格林带着皮阿瓦图决定驾着狗拉雪橇继续前行去探索另一块尚没有人涉足的区域，但二人中只有一人从这段计划外的旅程中幸存下来。

暴风雪降临了，漫天大雪拦住了他们前行的脚步。皮阿瓦图快速地建起了雪屋，但狂风卷着暴雪一次次地堵塞了雪屋狭小的出口，将两人困在其中。风暴减弱后，格林外出寻找他的雪橇犬，发现冻僵了的它们被埋在了3米深的雪下，但起码都还活着。格林气喘吁吁地拉着雪橇前行，皮阿瓦图则在后面跟着，但距离拉得越来越远。格林汗流浃背，叫苦不迭，最终他拔出武器，命令皮阿瓦图跟上他的脚步，而皮阿瓦图却趁格林不备逃往了另一个方向。格林在他的日记中记录道："我向空中开了一枪，但他（皮阿瓦图）并没有停下脚步。我向他的肩膀开了一枪，又在他头上补了一发子弹，结束了他的性命。"最终，格林一个人返回了营地。

麦克米伦一行人在冰封的荒原上被困了几个月之久。1914年12月，麦克米伦乘坐狗拉雪橇前往格陵兰岛南部向美国发送无线电，呼叫救援船只。和他同行的还有莫里斯·科尔·唐夸里（Maurice Cole Tanquary）。这段旅程全长650千米,而他们在路上迷路了足足10天,导致食物供给不足,就连死去的雪橇犬都被他们剥皮剔肉当作干粮。终于,他们到达了一处因纽特人的聚居区,唐夸里小心翼翼地脱下已与自己皮肤黏在一起的靴子,他的脚鲜血直流,散发着恶臭,肌肉断裂在外,正在腐烂。他重新穿上靴子,坐雪橇返回伊塔营地,切除了冻伤的两只大拇脚趾。

1915年夏天,美国自然历史博物馆派出了救援船只前往北极,但这艘多桅帆船被冻在冰里动弹不得,1916年派出的第二艘救援船遭遇了同样的命运。麦克米伦一行人直到1917年夏天才真正获救,当年8月24日,探险者们终于踏上了加拿大东岸新斯科舍省的土地。此次远航不仅令科学界大失所望,其花费之高昂更是令人咋舌!起初估计的花销大约为52 000美元,而最终的实际成本是这一预算的两倍,麦克米伦带回来的新发现并不多,而关于克罗克地岛,他也只能说它凭空消失了。

也许唐纳德·麦克米伦本可以料到北极地区常常出现"幻想岛屿"。就在不到一个世纪前的1818年,苏格兰海军少将约翰·罗斯为寻找一条可通往美洲北端的西北航道驶入北极海域,正当他在伊塔南侧350英里处准备转向时,他仿佛看见了一片挡在航道中间的山地,并以海军部第一任秘书长约翰·威尔逊·克罗克(John Wilson Croker)的名字为这座岛屿命名。罗斯所看到的岛屿与上面故事中的克罗克地岛实际上是两座不同的幻想岛屿,却拥有相似的名字,可谓是历史上的巧合了。

「北大西洋」
弗里斯兰岛

FRISLAND

又名弗里思兰岛（Frissland）、弗里士兰岛（Frischlant）、弗利斯兰岛（Friesland）、弗利泽兰岛（Freezeland）、弗里斯兰迪亚岛（Frislandia）、菲克斯兰岛（Fixland）

位置：岛南岸介于北纬 60 度至 61 度之间

大小：约与爱尔兰相当

发现时间：14 世纪中叶

出现地图：尼克罗·泽诺（1558 年），格哈德·墨卡托（1569 年），《英吉利地图》（1680 年）

FRISLAND · NORDATLANTIK

16世纪中叶,在意大利威尼斯,有人出版了一本薄薄的小书,书中不仅有一个稀奇古怪的故事,还有一张航海图。小尼克罗·泽诺(Nicolò Zeno)在书中讲述了他祖辈令人惊叹的远航。根据故事记载,两个世纪以前,勇敢而乐于周游世界的骑士老尼克罗·泽诺离开了家乡威尼斯,于1380年驾船经过直布罗陀海峡出海探险,在英格兰的西面遭遇了风暴,最终在迷航几天后停泊在了一座陌生小岛的海边。

正当岛民准备向他发起攻击时,有一位贵族向他走来,赶走了攻击者,之后和他用拉丁语交谈了起来。当听到船上的人来自意大利时,那位贵族异常高兴,欢迎他们来到弗里斯兰岛。这位坐拥无数小岛的贵族自称泽奇穆尼(Zichmni),并带着泽诺上了他的船。泽诺乘坐着泽奇穆尼的船游览了这片水域,还到了几座小岛和打劫得来的小舟,而后被泽奇穆尼册封为骑士。在此之后,泽诺和泽奇穆尼一同来到首都弗里斯兰达,城中的港口正一刻不停地将大量的鱼类运往佛兰德、英国、挪威和丹麦。

有一天,老尼克罗·泽诺写信给他的兄弟安东尼奥,叫他离开威尼斯,到弗里斯兰岛与他汇合。几个星期后,两兄弟兴高采烈地团聚了,他们拥抱在一起,而后一同游览了伊斯特兰、塔拉斯、布罗阿斯、伊斯坎特、特兰斯、米芒特、当贝雷和布雷斯等岛屿。他们甚至乘坐泽奇穆尼亲自驾驶的船抵达了冰岛,但由于岛上的居民筑起了高墙当作防御工事，他们并没能占领岛上的领地。泽诺兄弟俩继续向北航行前往格陵兰岛，但书中并没提到他们具体去了哪里。远方，一座山峰正在喷火。岛上的房子都由火山岩筑成，花园里生长着鲜花、药草和水果。他们在这里还遇到了传教士修会的僧侣们，看到了一座由热泉供暖的圣托马斯教堂。在长达9个月的冬天里，老尼克罗不幸染上了重病，回到弗里斯兰岛不久便去世了。

安东尼奥继承了老尼克罗在岛上拥有的财产，并向岛主请求返回意大利。但泽奇穆尼对安东尼奥另有安排，拒绝了他的恳求。渔夫们在弗里斯兰岛以西1 600千米的地方发现了一座名叫埃斯托蒂兰的富裕小岛，据返航的渔夫们说，岛上有城堡和金矿，岸边停泊着帆船，岛上的人说拉丁语，使用文字，会种庄稼和酿造啤酒，唯独不会使用罗盘。

安东尼奥·泽诺被任命为船长，出海寻找这座岛。根据故事的描述，他们先是航向利多沃，对伊卡利亚海进行了一番探索，而后又向西前往一座田园牧歌般风景秀美的小岛。他们将船停泊在宽阔的海湾里，在翠绿的原野上漫步，还发现了一座正在冒烟的山。岛上的一切都令人惊奇：数量繁多的鱼，肥沃的土地，还有野蛮又怕生的穴居矮人。泽奇穆尼下令在这座岛上建造一座城市，安东尼奥负责将不愿意留下来定居的船员们带回弗里斯兰岛。

安东尼奥从埃斯托蒂兰出发，向东朝着弗里斯兰岛航行了12天，而后又向东南行驶了5天，最终抵达了距离弗里斯兰岛不远的尼奥莫。故事在这里便结束了。

小尼克罗·泽诺在这本书的后记中写道，他在童年时发现了家中先人的书信,那时还是个孩子的他在读完那些信之后便将它们撕成了碎片。他在书中坦言:"至今回想起这件事,我仍羞愧不已。"但他祖辈的故事并不能被遗忘;1558年,他随书出版了一张北大西洋的详细地图,上面的弗里斯兰岛面积比爱尔兰还要大。他在书中提到,地图的原件和其他旧物一起存放在他家里,当时还可以辨认、识读。

泽诺的地图令欧洲制图学家们大为惊奇,图中许多细节看起来也十分真实可信。1569年,格哈德·墨卡托(Gerhard Mercator)在他的地图中将弗里斯兰岛画在了冰岛的南侧。亚伯拉罕·奥特柳斯甚至认为哥伦布根本没有发现新世界,起码他错过了位于欧洲一侧最远的埃斯托蒂兰岛,还有格陵兰岛、冰岛和弗里斯兰岛等岛屿。奥特柳斯认为,最先登上这些岛的是弗里斯兰省的渔民,安东尼奥·泽诺只是重新发现了他们。

英国王室宣布,弗里斯兰岛归英国所有。"5点时我与女王进行会谈。我和女王秘书沃尔辛厄姆进行了交流,并向女王论证了她对格陵兰岛、埃斯托蒂兰岛和弗里斯兰岛所拥有的权力。"1577年11月28日,数学家约翰·迪伊(John Dee)在他的日记中这样写道。他认为,这些岛屿很久之前便已经归英国所有。"公元530年前后,亚瑟王占领了冰岛、格陵兰岛和直到俄罗斯为止北方海上所有的岛屿,他的疆域直至北极。对于苏格兰和冰岛之间的所有岛屿,亚瑟王都派人上岛定居。因此,最近人们所说的弗里斯兰岛也极有可能是由英国人发现的,也归英国所有。"

19世纪,历史学家开始对泽诺兄弟的故事进行研究,足有400多部著作对每一个细节进行剖析。老尼克罗和安东尼奥实际上是威尼斯的两名水手，老尼克罗在1394年并没有因病在弗里斯兰岛去世，而是作为被告出现在了威尼斯的法庭上，他被指控在希腊担任军队长官时贪污财产。研究者查明，那张地图上的很多细节实际上是从年代更早的失传地图上抄袭而来。

但这个故事中也有真实的部分。也许确有其事，只是年代不对。故事中所描绘的自然风光与法罗群岛极为相似，兄弟俩极有可能在出海航行途经冰岛时看到了故事中所提到的火山，而在他们生活的时代，位于格陵兰岛南部肥沃平原上的加达教区的确建起了一座大教堂。据身兼海员和作家双重身份的唐纳德·约翰逊（Donald Johnson）猜测，故事中的埃斯托蒂兰岛很可能是美洲伸向大西洋的拉布拉多半岛，而假如真的有爱尔兰的僧侣成功抵达了那里，那么"岛上"的人们能够和来自欧洲的渔民用拉丁语顺畅交流也就说得通了。

也许一切都比我们想象的要简单得多：小尼克罗·泽诺生活在聚集了来自世界各地的水手的威尼斯，水手们聚集在港口的小酒馆里，畅谈着自己的冒险经历，小尼克罗不过是听了这些故事，而后便记录成书。这样看来，他的书里写的尽管不是他祖辈的真实经历，但却是他同时代的人口口相传的见闻，假若没有他的记录，这些见闻可能就会被遗忘在历史的长河之中。

小知识

1998年，奥克尼伯爵亨利·辛克莱一世（Henry I. Sinclair）的后代聚集在一起，庆祝发现美洲600周年纪念。这个家族坚信，他们的祖先便是泽奇穆尼本人。他们宣称在亨利·辛克莱一世下葬的罗斯林礼拜堂中找到了证据。罗斯林礼拜堂地处苏格兰小镇罗斯林，是一座修建于15世纪的哥特式教堂。礼拜堂的穹顶上绘有玉米的图案，而穹顶建于1446年，远早于克里斯托弗·哥伦布发现美洲。在那个时代玉米只在美洲生长，对欧洲人来说还是一种陌生的植物，这里出现的玉米显然是由辛克莱在前往南美洲的一次旅行途中带回来的。

「北冰洋」
哈姆斯沃思岛
HARMSWORTH-INSEL

又名艾尔弗雷德·哈姆斯沃思岛（Alfred-Harmsworth-Insel）

位置：北纬57度
大小：不详
发现时间：1897年
出现地图：不详

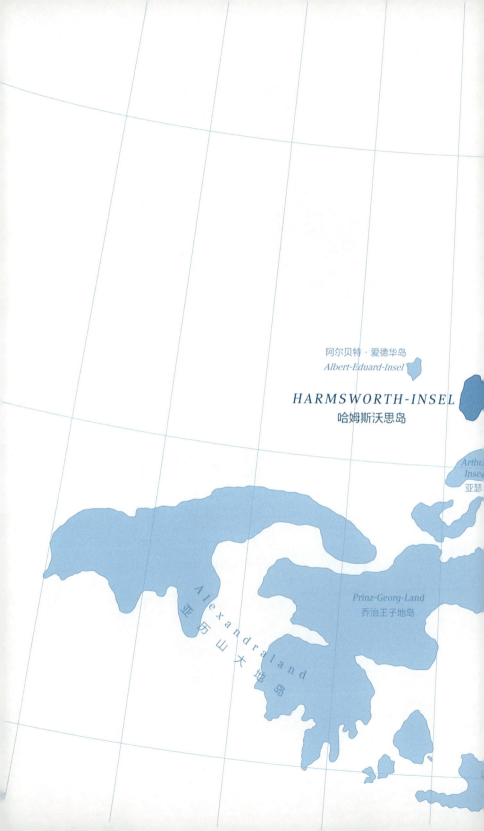

FRANZ-JOSEF-LAND
法兰士约瑟夫地群岛

Rudolf-Insel
鲁道夫岛

Karl-Alexander-Insel
卡尔·亚历山大岛

索尔兹伯里岛
Salisbury-Insel

Zichy-Land
济希兰岛

Wilczek-Land
维切克地岛

Hall-Insel
哈尔岛

Booker-Insel
胡克岛

McClintock-Insel
麦克克林托克岛

Salm-Insel
萨尔姆岛

HARMSWORTH-INSEL · NORDPOLARMEER

1931年7月24日早上8点35分，数百人挥舞着手帕，看着当时世界上最大的飞艇LZ127"齐柏林伯爵"号从腓特烈港的机库中被拖出。这艘飞艇长236.6米，直径30.5米，由5台2850马力的内燃机驱动，飞行速度为每小时115千米。艇体下方的吊舱内设有25间乘客舱、一间5米×6米的会客厅，以及一间厨房。此时的"齐柏林伯爵"号已前往过北美洲、南美洲、俄国、英国和远东，甚至还完成了一次环球航行。

就在今天，这艘飞艇将开启它的首次极地之旅，这将是一项打破纪录的壮举，对于飞艇工厂而言，这也是一次绝佳的广告宣传。此次远航由工厂董事雨果·埃克纳带队，飞艇将途经柏林和列宁格勒，抵达法兰士约瑟夫地群岛，路过距离北极点不远的哈姆斯沃思岛，再由这座地处巴伦支海的小岛向东出发，前往西伯利亚附近的群岛，并最终返回德国。6天的旅程总长13 000千米，其中一大半的时间都要在极度的严寒下度过。

雨果·埃克纳领头走进了吊舱，而后是30名船员，接着是来自德国、苏联、瑞典和美国的12名科学家，还有3名记者。在这3名记者中有一位年轻人，名叫亚瑟·凯斯特勒（Arthur Koestler）。埃克纳不仅仅是一名企业家，还是极地航空协会（Aeroarctic）这一极地探索组织的主席。对于这次远航，埃克纳做了长期充分的规划，并多次与抵达南极点的第一人罗尔德·阿蒙森（Roald Amundsen）

会面。实际上按原计划阿蒙森应与埃克纳一同前往北极,但阿蒙森在此之前便不幸在挪威熊岛失踪了,此后便下落不明。

齐柏林飞艇升上天空,围观的人们再次挥舞手帕向它致意。埃克纳以前做过记者,深谙制造噱头之道。"齐柏林伯爵"号原本计划在北极点与潜艇"鹦鹉螺"号会师,记者们甚至都根据想象出的惊人场面拟好了轰动性的标题:历史性的时刻!飞艇与潜艇!在北极点会师!但这一计划最终因为"鹦鹉螺"号被困在了挪威而不得不搁浅,改为与苏联的破冰船"马雷金"号在法兰士约瑟夫地群岛会面。

在此之前从未有飞艇途经如此靠近北极的地方。"曾经的那些探险者在陆地上行走时必然畅想过自由飞翔,而后向自己发问,从空中看陆地该是什么样的图景。"同行的美国科学家林肯·埃尔斯沃思(Lincoln Ellsworth)和爱德华·史密斯(Edward Smith)这样写道。然而极地研究者们追求的并不仅仅是旅途中的刺激,他们还要对当时存世的地图进行验证,并寄希望于发现全新的岛屿:除了极地,还有哪里能让活在20世纪中期的人们发现令人惊奇的事物呢?

傍晚6点,飞艇上的旅行者们抵达了柏林。第二天一早,"齐柏林伯爵"号继续出发,向北前往赫尔辛基,而后向东飞向列宁格勒,旅客们再次在酒店下榻过夜。从列宁格勒出发后,探险者们先是自空中看到了彼得保罗要塞,而后是湖泊、森林、村落,他们正在靠近荒无人烟的极北之地。下午时分,他们飞过了世界上最大的木材港阿尔汉格尔斯克的上空,这里的河道里堆满了被砍下后装在船上等待运走的木材。晚上7点,飞艇进入了北极圈。东风随着他们距离海洋越来越近而不断加强，气温也在他们离开了温暖的气候带进入极寒之地后不断下降。"齐柏林伯爵"号沿着海岸线航行了好几个小时，时而位于500米的高空，时而降至距地面200米，岸边竖起的木梁与捕鲑鱼的鱼笼在空中清晰可见。

第二天早上，飞艇抵达了位于俄罗斯大陆西北部的卡宁半岛，外面刮着5级到6级的西北偏北风。众人的面前是巴伦支海，从这里跨海到法兰士约瑟夫地群岛还有2 500千米。为了节约燃料，埃克纳决定关闭五台内燃机中的两台，夜间则让飞艇随风航行。到了早上，科学家们看见从船上掉落的木材在海面上随波漂流，成群的海鸟乘着波浪滑翔。"齐柏林伯爵"号飞进了一团雾中，艇外温度4摄氏度。飞艇向上飞行，升至翻涌着的白色雾海之上，眼前则是万里碧空。当天上午，在胡克岛岸边等待着飞艇乘客们的"马雷金"号通过无线电与他们取得了联系。

法兰士约瑟夫地群岛第一次出现在地图上是在40年前。受英国出版商艾尔弗雷德·哈姆斯沃思（Alfred Harmsworth）的资助，英国极地学家弗雷德里克·乔治·杰克逊（Frederick George Jackson）在一次从1894年持续至1897年的远航科考中发现了这片巨大的岛屿王国。根据他的探路结果，这片群岛由将近200座小岛构成，而它们当时尚不属于任何一片大陆。在群岛的西北侧，他还发现了一座陌生的岛屿，并以他赞助人的名字为其命名，称作哈姆斯沃思岛，"齐柏林伯爵"号上的旅客们必然也可以从空中看到它。

"马雷金"号在无线电中提到，冰面的边界线位于北纬78度，海面上正刮着较温和的东北风，有薄雾。"齐柏林伯爵"号下方的雾海正在慢慢消散。海面上漂着的浮冰只有1米厚，显然是过去这个冬天刚刚结成的，风也慢慢变小了。

下午时分，法兰士约瑟夫地群岛南部的几座岛屿出现在人们眼前，诺斯布鲁克岛的芙洛拉角没有被冰覆盖，毫无遮挡地出现在前方的海面上。对于极地研究者而言，芙洛拉角是个令人难以忘怀的地方，人们可以很容易地乘船抵达诺斯布鲁克岛，许多极地考察之旅也都是自此地开始的。

17点45分，"齐柏林伯爵"号在胡克岛上空盘旋。岛上一座山崖脚下设有苏联的广播站和气象站，"马雷金"号停泊在岸边。此刻海上风平浪静，没有一丝波浪，空中的飞艇在不时漂过浮冰的海面上投下倒影。埃克纳准备好了飞艇上可用作救生圈的充气浮桥船，同时开始下降飞艇。在距离海面还有30米时，飞艇上放下了连着绳子的大木桶，大木桶里装满了水，以便飞艇进一步下降，最后艇上抛下了锚。

"马雷金"号派出了一艘小船。小船到达齐柏林飞艇旁边后，双方代表分别站在小船的船头和飞艇舱体的侧门处握了握手，而后交换了邮包。飞艇带来的邮包足有300千克重，里面装着来自世界各地的50 000封信件，而"马雷金"号带来的邮包则有120千克重；事实上，这次远航能够成行也与卖邮票所获的利润密不可分。

忽然之间，一块巨大的浮冰向着"齐柏林伯爵"号漂来。人们快速地排空了大木桶，拔起船锚，15分钟后，飞艇再次升入空中，划出一道巨大的弧线经过群岛中最大最长的乔治王子地岛上空,而后向东飞行。天气晴好,人们可以看到60千米开外的地方。

地图上出现了第一批错误:阿米塔奇岛并非真正的独立岛屿,而是乔治王子地岛伸出的一座半岛,阿尔贝特·爱德华岛也并不存在。海面上直到天际也没有一片陆地。"尽管听起来令人迷惑,但哈姆斯沃思岛同样不存在。向它本应存在的地方看去,只能看到黑暗的海面和其上飞艇投下的明亮倒影。"记者亚瑟·凯斯特勒记载道。船上的科学家埃尔斯沃思在18时45分前后向美国地理学会发送无线电消息:"于不列颠海峡①南120海里处看见第一块浮冰。当前地图有误。阿尔贝特·爱德华岛与哈姆斯沃思岛均不存在。"消息非常简短。不过为岛屿命名的出版商艾尔弗雷德·哈姆斯沃思本人并没有得知这一消息,早在几年前,他便在伦敦去世了。

而后"齐柏林伯爵"号转向东北方飞行。旅行者们看到在海湾中坐落着一座陌生而细小的岩岛,它的存在尚未被地图记载。出发后第四天的午夜,飞艇飞到了鲁道夫岛的弗利格利角上空,这里是他们旅途的最北点,也是欧亚大陆的最北端,距离北极点还有900多千米。埃克纳和埃尔斯沃思向北方眺望,地平线上露着微光,那是刚刚西落的午夜太阳。天地间被一种微弱却温和的光线所笼罩,只有冰上镶嵌着一条闪闪发光的金边。

---

① 原文为 British Channel,此处指的是法兰士约瑟夫地群岛中位于乔治王子地岛和胡克岛之间的海峡,为与普遍意义上 British Channel 所指代的英吉利海峡区分,特译作"不列颠海峡"。——译者注

飞艇升至 250 米高的空中，经过了两块交叠着的光滑浮冰。冰原上有一洼洼的融冰水，有些水洼因为水藻和其中生长了千万年的浮游生物所携带的叶绿素而显现出棕色、绿色或黄色。

7 月 28 日清晨，海面上吹起了一阵清新的微风。"齐柏林伯爵"号以每小时 105 千米的速度在薄雾中穿行。艇上的旅行者们看到了位于西伯利亚岸边的北地群岛，而后是被白雪覆盖的陡峭陆地，都是一些不为人知的陌生岛屿。平坦的冰原逐渐变成海面上的浮冰，但谁也说不出二者之间的分界线到底在哪里。飞艇向西飞进大陆，下面是泰梅尔半岛，而后是棕绿红三色交织的苔原地带。湖泊附近成千上万的鸟儿正在繁衍后代，成群的驯鹿在平原上奔跑，它们一发现飞艇靠近便立刻四散奔逃。

飞艇再次飞到了海上，向着新地岛的方向驶去。这是北冰洋上的一组狭长群岛，由两座岛屿构成。此时是旅途的第五天，旅客们第一次见到了高耸的冰川。下午时他们飞回到巴伦支海上空，夜幕降临时，他们又一次飞抵阿尔汉格尔斯克。

第二天，他们在柏林的滕珀尔霍夫区停留了半个小时，成千上万的围观人群在那里向他们挥舞手帕致意。1931 年 7 月 31 日凌晨 5 点，"齐柏林伯爵"号悄无声息地在腓特烈港降落了。

而贴有当年为了这次远航筹款而发行的邮票的信件，时至今日仍然在收藏家们的手中流转。

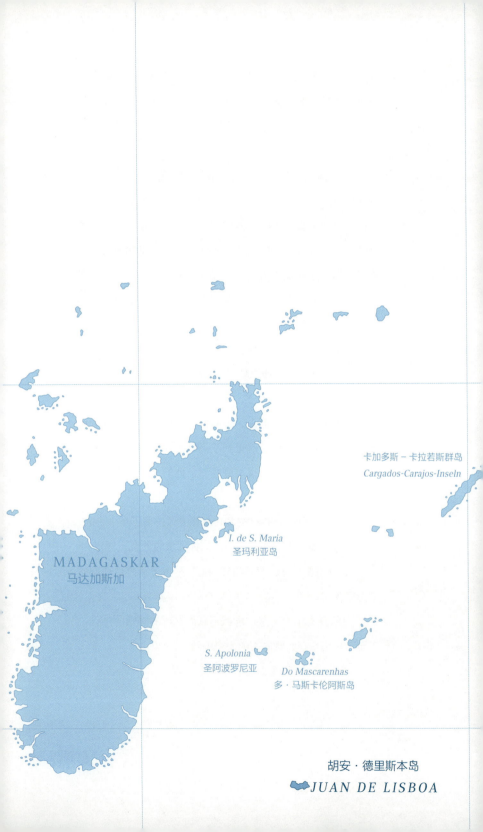

「印度洋」
胡安·德里斯本岛
JUAN DE LISBOA

位置：东经 73 度 36 分，南纬 27 度 34 分
大小：不详
发现时间：不详
出现地图：范科伊伦（1689 年）

JUAN DE LISBOA · INDISCHER OZEAN

"决不能夸大这场冲突的可怕细节。"德意志帝国首相奥托·冯·俾斯麦这样嘱咐他的手下。这时是1888年秋天，德国在东非的新殖民地正经历着一场暴动，这片土地的原住民正在海岸边与来自德意志帝国的野蛮掠夺者顽强作战，他们希望能够回到桑给巴尔苏丹国的统治之下，而俾斯麦需要找到一个理由来平息这场叛乱。为了说明海军介入的重要性，俾斯麦公开宣称，这次暴动是由疯狂的奴隶贩子发动的。

11月4日，柏林方面向东非总督发去了一封电报："皇帝有令：为阻止贩奴活动，现对苏丹国陆上海岸进行严密封锁，并协同英国运输战争物资。"港口中停泊的所有可疑船只无论挂的是哪国国旗都必须接受搜查，必要时可以被征用。

12月初，第一批四艘巡航舰和炮舰开始对隶属于德国殖民地的海域进行巡逻。"我们现在在沿着海岸线追踪阿拉伯帆船，每五周至六周去一次桑给巴尔补充燃煤，顺便采购几箱罐头。"一位少尉这样记录道。这一带的气候并不舒适，船上的伙食差强人意。

在接下来的几个月内，几千艘船只接受了搜查，但被抓获的寥寥无几。12月5日前后，德国海军从一艘阿拉伯帆船（一种在当地很常见的帆船）上解救出了87名奴隶，12月中旬又救出了146名。这也是德国海军进行的最有成效的两次营救行动。巡航舰将这两艘被查获的贩奴船拖上岸后大卸八块，而后将残骸留在海滩上示众，被解救的奴隶则被分派到了各个基督教传教点。

巡航舰"莱比锡"号于1888年平安夜在印度洋上进行的营救行动，可谓是最奇特的一次。德国海军登上那艘贩奴船后，在下层甲板上发现了5名白皮肤的奴隶。他们说着流利的法语，自称名叫萨米埃尔（Samuel）、威廉（Wilhelm）、卡西米尔（Kasimir）、奥古斯特（August）和邦雅曼·冯·本约武斯基（Benjamin von Benjowski）。他们告诉传教点的神父，自己的曾祖父莫里茨·奥古斯特·冯·本约武斯基（Moritz August von Benjowski）于18世纪末在马达加斯加建立过一片殖民地。莫里茨奉法国国王之托将原本遍地粘土茅舍的殖民地改造成了一座城市，为这座城市修建了道路，与其他岛屿积极进行贸易往来，还从中调停了几场冲突。马达加斯加的人民非常爱戴他，选举他做了国王。就在这时，法国忽然取消了对他的任命，并派军队来攻击他。在一场小型交火中，莫里茨不幸右胸中弹。在原始森林中躲藏了几天后，莫里茨带着亲信乘船逃往了胡安·德里斯本岛。

17世纪时，法国的船长们第一次发现了这座小岛。在地理学家约翰内斯·范科伊伦（Johannes van Keulen）1689年绘制的地图上，这座岛位于马达加斯加岛的东面，形似一只跃出水面的海豚。自那之后，人们再也没有见过这座岛，便理所当然地认为这座岛并不存在。而这样一座"子虚乌有"的岛恰恰是被追捕者完美的藏身之地。

莫里茨的五位曾孙继续向神父讲述他们曾祖父的故事：莫里茨在胡安·德里斯本岛上受到了热烈的欢迎，被当地人奉若神灵的他又一次被选为岛屿的统治者。莫里茨在岛上建起了一座城市，娶了当地一位酋长的女儿为妻，封她做了王后。夫妻二人一同在岛上建立起了议会和自由选举制度。二人婚后生有许多孩子。岛上的人民享受了一百多年的和平生活，直到奴隶贩子的到来打破了这里的平静。他们五人被掳去做了奴隶，直到贩奴船遭遇"莱比锡"号，他们才得以重获自由。关于胡安·德里斯本岛的具体方位，五人都缄口不言，后世人便渐渐忘记了这座岛的存在。

小知识

《卫报》也许正是从胡安·德里斯本岛的传说中汲取了灵感，编造出了并不存在的圣瑟瑞福岛。1977年4月1日，《卫报》用整整7版报道了这座不存在的岛屿：1967年4月1日，圣瑟瑞福岛上的人民发动革命，驱逐了专制的皮卡将军后，建立起了自由民主的政体，这篇文章正是为了纪念这场革命胜利十周年而写。"圣瑟瑞福岛如今经济腾飞，社会飞速发展，他们的议会辩论也从不被某一个党派的利益所左右。"《卫报》在文章结尾激情洋溢地总结道。

「太平洋」
加利福尼亚岛
KALIFORNIEN

又名下加利福尼亚岛（西班牙语：Baja California/ 德语：Niederkalifornien）

位置：墨西哥西岸

大小：不详

发现时间：1533 年

出现地图：约翰·斯皮德（1626 年）

KALIFORNIEN · PAZIFIK

1533年11月28日深夜，约定叛乱的船员们聚集在"康塞普西翁"号的甲板上。他们先是相互打量，点头示意，而后船上的一舵手佛尔顿·席门内兹（Fortún Ximénez）和他的兄弟以及其他几个来自巴斯克的同乡冲向了船长的房间，手持出鞘的短剑踹开了门。素有"坏脾气魔鬼"之称的船长迭戈·德贝塞拉（Diego de Becerra）从梦中惊醒，自床上一跃而起，却被众人在脑袋、胳膊和大腿上一阵乱砍。他试图大声呼救，最终还是脸朝下倒在了床上，死在了自己黏稠的血泊中。叛乱者们又一路冲向西班牙军官们居住的房间，一通乱砍乱刺后杀死了几乎所有军官。

现在这艘西班牙大帆船归席门内兹指挥了。为了寻找作家加尔西·罗德里格斯·德蒙塔尔沃（Garci Rodríguez de Montalvo）20年前所描述的、传说中黄金遍地的岛屿，顺便发现一条从太平洋通向大西洋的航道，这艘船已经沿着墨西哥毗邻太平洋的海岸线向北行驶了一个月。西班牙的地理学家们多次声称所谓的"亚泥俺海峡"确实存在，也许离赤道并不远。假如这条航道真实存在，那么人们再也不必绕过南美洲走一大圈冤枉路，从西班牙到中国的航程也会缩短很多。

12月时，"康塞普西翁"号驶入了一座宽广的海湾，无论从左舷还是从右舷望出去，看到的都是坚实的陆地。席门内兹非常确定左舷侧的陆地是一座小岛，并将其命名为"下加利福尼亚岛"。

"在印度的右侧有一座几近人间天堂的小岛，名叫加利福尼亚岛。"德蒙塔尔沃在他的小说《爱斯普兰迪安历险记》（Die Heldentaten Esplandíans）中这样写道。根据他的描写，这座岛的居民全部是黑人女性，一个男人都没有，她们身强体健、性格开朗、道德高尚，过着跟亚马孙人一样的生活。德蒙塔尔沃在书中进一步描写道："她们的武器由金子打造而成，她们驯服并当作坐骑的凶猛野兽身披的铠甲也是纯金的，岛上遍地是黄金与宝石，除此之外，没有别的金属存在。"小岛的统治者名叫加利菲亚，是一位气度非凡、美貌无朋、风姿绰约的女王。加利菲亚女王渴望凭借自己的丰功伟绩留名于后世，她心胸宽广、智勇双全，同时不失热情。500只半鹰半狮的怪物守卫着岛上的居民，一旦有男人胆敢靠近，这些怪兽便会自空中飞下袭击他们。

佛尔顿·席门内兹坚信他所发现的正是德蒙塔尔沃笔下的那座小岛，于是带着21名男性船员前往下加利福尼亚岛。为了寻找淡水，席门内兹决定划小艇上岛。忽然，岛上出现了手持长矛的印第安人，留在船上的众人只得眼睁睁看着席门内兹一行人在印第安人的长矛下殒命。

见此情形，"康塞普西翁"号迅速放下风帆，转向南方航行，并于几周后抵达了太平洋岸边的阿卡普尔科港。侥幸返航的船员们向雇佣他们的西班牙征服者埃尔南·科尔特斯（Hernán Cortés）汇报了下加利福尼亚岛岸边发生的惨剧。

6年后的1539年，弗朗西斯科·德乌略亚（Francisco de Ulloa）受科尔特斯的委托出海，再次寻找传说中的亚泥俺海峡。7月8日,德乌略亚率三艘船自阿卡普尔科起航,沿海岸驶向下加利福尼亚与墨西哥之间的水道。然而德乌略亚发现这条水道越往北便越窄,直至到了最北端的科罗拉多河入海口处,仿佛到了死胡同的尽头:这并不是亚泥俺海峡,只是一座狭长而望不到尽头的海湾。

德乌略亚掉转船头向南,沿着下加利福尼亚半岛的海岸行驶,绕过半岛最南端后,又贴着毗邻太平洋的海岸继续航行。船队中的"桑托·托马斯"号在一场风暴中沉没了,德乌略亚带着剩余的两艘船继续这次远行。又一场风暴后,德乌略亚所在的"特立尼达"号也不见了踪影。

回到阿卡普尔科之后,第三艘船"桑塔·阿奎达"号的船员向科尔特斯汇报了两起船难与下加利福尼亚实际上只是一座狭长半岛的事实,这一错误在后来欧洲绘图学家绘制的地图中得到了更正。这座岛的故事其实到这里就结束了。

然而,16世纪末,有关下加利福尼亚岛的传说再次复活了:原名约安尼斯·佛卡斯(Ioannis Phokas)的希腊船员胡安·德福卡(Juan de Fuca)随一艘西班牙航船对北美洲西海岸进行了探索,回到欧洲后,他吹嘘自己发现了亚泥俺海峡,这道海峡就位于北纬47度和48度之间,经由这道海峡从太平洋驶入大西洋只需要大约20天。这道海峡的存在还间接证明了下加利福尼亚的确是一座岛屿。据德福卡说,这座位于航道附近的岛"土地肥沃,盛产金银和珍珠"。他的说法很快便传到了伦敦,并在那里的制图学家中间广泛流传。

1626年,英国人约翰·斯皮德(John Speed)制作了一张非比寻常的新世界地图。地图上，新世界的海岸线绘制得前所未有的精确，此外还绘有8幅精致的城市风光与10张土著人的画像，然而在地图的背面，斯皮德忍不住鄙夷地描述了土著人野蛮的习俗与宗教偶像崇拜。"不然他们怎么会把普通的欧洲人奉若神灵呢？"斯皮德反问道。依照他的描述，土著人天性粗鲁，"其举止之野蛮似自地狱而来"，他这样描写道。斯皮德的地图展示了新世界的风貌，然白璧微瑕，在这张地图上，下加利福尼亚被画成了一座岛。

此后的70多年里，人们对这一传说深信不疑。17世纪末，耶稣会传教士欧塞比奥·弗朗西斯科·基诺（Eusebio Francisco Kino）终于证实了下加利福尼亚只是一座半岛。基诺曾在德国南部学习神学、数学和天文学。1681年年初，基诺抵达了西班牙殖民地北侧的皮梅里亚·阿尔塔（Pimería Alta）地区，并设立传教点。他花了20多年的时间对整个地区进行了考察，建起了道路网，并徒步抵达了位于下加利福尼亚半岛和大陆之间的科罗拉多河入海口。1702年，基诺在自己绘制的地图上标注了这一发现，而后将复制件寄往巴黎，发表在一份耶稣会杂志上。狄德罗（Diderot）的《百科全书》（*Encyclopädie*）中收录了这张地图。

在美洲，这个传说依然长盛不衰。1746年，还有一支考察船队自墨西哥出发，试图向全世界证明这座岛屿真实存在，但他们不得不在现实面前败下阵来。自18世纪中叶以后，人们终于确信这座位于美洲西部的"亚马孙岛屿"并不存在。

「加勒比海」
康提亚岛
KANTIA

位置：北纬 14 度
大小：不详
发现时间：1884 年
出现地图：不详

KANTIA · KARIBIK

　　1884年，海洋学家约翰·奥托·波尔特（Johann Otto Polter）在航经加勒比海时于北纬14度发现了一座凸出海面的小岛。这座岛位于小安的列斯群岛东侧几海里，在任何一张地图上都找不到它的踪迹。"大西洋卷起的巨浪野蛮地敲打着这座岛石崖遍布的东岸，而这座岛的南面和西面则是一派碧浪白沙的景象。岛的北侧被山脉占领，而南侧则相对平坦，整座岛看起来极为肥沃丰饶。"波尔特写道，"岛上的野人们赤身裸体，仿佛刚被造物主创造出来；他们体型健硕，看起来也并无恶意。这座岛可谓是人间天堂了。我将这座岛命名为康提亚，以此向我们伟大的思想者康德致敬。"

　　4年后的1888年，约翰·奥托·波尔特决定进一步对这座岛进行探索。为了将这座人间天堂"送到我们的德意志故乡"，出身莱比锡商人家庭的波尔特自费进行了这次远航搜索，却发现康提亚岛不翼而飞了。波尔特于1903年和1909年又进行了两次搜索，均无功而返。他一生都坚信，康提亚岛绝不是他的幻觉。即便是在晚年的一张照片上，波尔特依然骄傲地看向远方，左手还握着那份赐予他康提亚岛发现者身份的文件，照片的下方写着"为德国皇帝、普鲁士国王威廉二世陛下效劳"。康提亚岛就此成了德意志民族魂牵梦萦之地，而约翰·奥托·波尔特也成了人们心中"一位从各方面看都非常奇特的航海者"，瑞士专栏作家萨穆埃尔·赫尔佐克（Samuel Herzog）在2004年5

月 22 日出版的《新苏黎世报》中富有深意地写道。赫尔佐克猜测，也许波尔特当时不幸发着高烧或是喝了太多的朗姆酒，因而记错了岛屿的方位。

在这篇文章刊登 5 年后，2009 年 8 月 25 日，维也纳的《标准报》也刊发了关于康提亚岛的故事，根据这篇报道，约翰·奥托·波尔特一直在寻找的很有可能只是一座不存在的岛屿。不久后，一位名为 Tonka 的维基百科用户在德语维基百科上为康提亚岛建立了相应的百科词条，而后英语版中也出现了相对应的词条。康提亚岛就像被海浪冲上岸的货物残骸，一次次地被专栏文章重新提起。《世界报》的一位记者甚至宣称这座岛屿"出现在了许多地图上"。康提亚岛正在人们的传说中慢慢成形，就像安提利亚岛一样，起初只是一张地图上的一个名字，而后被人们赋予了各种绘声绘色的描述。

康提亚岛后来被一部在《南德意志报》书评专刊中广受好评的学术专著所收录，而后又出现在了德国广播电台、《德国医生协会月报》《莱茵邮报》《每日镜报》和《时代周报》等多家媒体上。

这是一个令人难以置信的故事，而它完全是凭空编造出来的。起初萨穆埃尔·赫尔佐克发现了一个装满黑白老照片的鞋盒，照片上的人如今已经没人记得了，为了能够更接近这些人物，赫尔佐克为他们编造了各式各样的故事，关于约翰·奥托·波尔特与康提亚岛的故事也是如此。时至今日，如果单凭着这些报道，又有谁知道康提亚岛是否真实存在于世界上某个角落呢？

「北冰洋」

基南地岛

KEENAN-LAND

又名凯南地岛（Kennan Land）

位置：阿拉斯加以北

大小：520 平方千米

发现时间：19 世纪 70 年代

出现地图：阿道夫·施蒂勒（1891 年、1907 年）

RUSSLAND
俄罗斯

160° 170°

KEENAN-LAND · NORDPOLARMEER

19世纪末,约翰·基南(John Keenan)船长在北冰洋的海面上迷失了航向,漫无目的地航行在阿拉斯加北面的波弗特海上。基南所率领的捕鲸船"斯坦布尔"号从美国新贝德福德起航,船员们一路上捕获了好几头鲸鱼,而后海面上天气骤变,此后发生的事情则是众说纷纭,为数不多的消息来源之间互相矛盾,没人能够准确地还原当时的真实情境。

"他们先是顺风向北行驶,"一名海员向自然科学家马库斯·贝克(Marcus Baker)这样报告,"大雾散去之后,北方出现了陆地的轮廓,船上每一个人都看得见。但基南船长此行并不是为了发现新的岛屿,而是为了捕鲸,视野中并没有鲸鱼的踪影,因此他掉头向南航行,继续寻找猎物,毕竟此行的成功与否和他捕获的鲸鱼数量有直接关系。"

据另一份更为戏剧化的记载称,在此之后海面上刮起了一场风暴,第一阵巨风便吹断了船桨和桅杆,"斯坦布尔"号随着波涛向北漂流了数日之久,而后在阿拉斯加以北500千米处的一座陌生小岛的岸边搁浅。基南和船员们在岛上的制高点升起了一面美国国旗,修好了他们的船,不久后向位于华盛顿的美国政府报告了他们的发现。不幸的是,基南在这个过程中丢失了他的笔记。

19世纪的捕鲸人之间常常互相讲述在波弗特海上所见的岛屿与高出海面的山脉,地理学家们也坚信在阿拉斯加以北有陆地存在,并且认为海面上的永冻冰之所以不会移动,正是因为冰层下方有陆地与海底大陆架相连。人们甚至估算了这些岛屿的大小,还在地图上画出了它们可能的位置,并认为发现它们只不过是时间问题。

德国的绘图学家无疑也听说了基南的所见所闻。1891年,凯南地岛出现在了以绘图学家阿道夫·施蒂勒(Adolf Stieler)命名的《施蒂勒地图册》中,而到了1907年问世的一版地图册中,这座岛屿的名字被改成了基南地。

一支加拿大的极地考察团在1913年至1916年间对相应区域进行了考察,并没有发现这座岛屿。1937年,一架飞机在这块区域上空对失踪人口进行搜索,同样没有看到陆地。

最终,空军飞行员约瑟夫·O.弗莱彻(Joseph O. Fletcher)揭开了谜团。1946年,弗莱彻在一次飞经波弗特海上空的航程中注意到了一个不同寻常的雷达信号。下方的海面上漂浮着一座巨大的冰山岛,岛上有山峰,也有峡谷。弗莱彻花了几个小时才飞过这座冰山岛的全境,并且估计其面积约为520平方千米。只有在空中才能看得出这是一座漂浮的冰山,地面上的人们无法窥得其全貌,只能远远地看到其上的山峰与峡谷,岸边的碎石让它看起来更像是一片陆地,像这样的冰山岛可以随洋流漂流数年之久而不为人所知。

「太平洋」
高丽岛
KOREA

又名高里岛（Cooray）

位置：北纬 37 度 30 分，东经 127 度 00 分
大小：22 万平方千米
发现时间：约 1585 年
出现地图：林索登（1596 年）

KOREA · PAZIFIK

作为密探，林索登（Jan Huygen van Linschoten）没有引起任何人的注意。尽管林索登是土生土长的荷兰人，但在巴塞罗那经商多年的他说得一口流利的西班牙语和葡萄牙语。1583年，他启程前往印度，在果阿邦担任葡萄牙大主教秘书一职，也因此得以接触到许多本不应该为荷兰人所知的信件。

荷兰人此前一直通过葡萄牙收购货物，但1580年西班牙人占领了葡萄牙，停泊在里斯本港的外国船只全部被没收了，荷兰的香料贸易也被迫中断。

为了他的祖国荷兰，林索登在果阿邦不断搜集有关东亚贸易与航海的各种信息，甚至开始秘密绘制一张殖民各国占领区的地图。对林索登来说，这项任务极为危险，毕竟航海路线当时仅为上层人所知。在前往印度西海岸另一座港口的途中，他结识了一位同样来自荷兰的莽汉，后者成为他最重要的信息提供者。此人名叫迪尔克·赫里茨·蓬普（Dirck Gerritz Pomp），诨名"中国迪尔克"。蓬普随葡萄牙商船"桑塔·科鲁兹"号前往中国，而后又于1585年抵达日本，成为第一个到达日本的荷兰人。

回到果阿邦之后，蓬普向他的朋友详细地讲述了他的冒险之旅，途经的陌生国度，以及一座名叫高丽岛的岛屿。蓬普只是从耶稣会那里听说了这座岛，他自己并没有亲自登陆。

在印度待了将近6年后，林索登踏上了返回荷兰的旅程，却险些在途中一命呜呼，他所乘坐的船绕过好望角后向北航行，差点在一场风暴中沉没于亚速尔群岛附近。林索登被困在亚速尔群岛中的特塞拉岛上长达两年之久，在这段时间里，他一边整理笔记，一边帮助修缮在风暴中受损严重的船只，最终途经里斯本回到了家乡。

1595 年，林索登的游记出版了，书中他详细描述了殖民国家通往东亚的航线。关于日本，他这样写道："海岸线再次向北方延伸，而后朝深入内陆的方向拐了个弯，那些往来日本和高丽岛经商的商人往往自此地出发沿着西北方向航行。我从那些熟悉高丽岛并且前往过那里的水手口中了解了不少，他们告诉我的信息字字属实，非常有用，也通俗易懂。"

1596 年，林索登出版的第二本书《航海记》（Itinerario）中提到："这座面积不小的岛名叫高丽岛，位于日本北侧不远处的海上，地处北纬 34 度与 35 度之间，离中国的海岸也很近。时至今日，我们对这座岛的面积、岛上的人口以及贸易状况一无所知。"后文中他又写道："'南京湾'①以南 20 英里处分布着一些小岛，在这些小岛的东方有一座大而多山的岛屿。"这座岛屿上"人口众多，岛上的人或步行或骑马"。

林索登对高丽岛的了解便止步于此，也许他自己都不确定高丽岛究竟是一座岛还是一组群岛："葡萄牙人将这座岛称作 Ylhas de Core，即高丽岛。岛的西北侧有一道狭窄的海峡，海峡并不深，但可以作为港口。还有一座小岛

---

① 南京湾即黄海，葡萄牙语 Enseada de Nanquim。——作者注

和摄政王的统治地。日本的五岛列岛位于高丽岛东南方 25 英里处的黄海海面上。"

随书一同出版的还有一张地图,荷兰人通过这张地图第一次看到了地球另一端的模样。地图对柬埔寨、印度与中国几个省份的轮廓做了细致的勾勒,海岸线上标注了居民点与村庄,充满异域风情的动物在大片的森林中繁衍嬉戏,海面上船只之间硝烟弥漫,而海上的怪物则在屏息等待猎物的到来。在地图的左上角,由无数岛屿组成的日本群岛与赤道平行,而非人们假设的那样由北向南纵向分布。

日本的西面便是高丽岛,一座狭长的岛屿。一条窄窄的海峡将其与亚洲大陆分隔开来。对于自己听来的信息,林索登也不确定,所以地图上这片区域便画了虚线。从远处看,朝鲜半岛的确很容易被人当作一座独立的岛屿,鸭绿江与图们江的水道在此变宽,而后汇入大海,使得朝鲜半岛看起来仿佛被一条海峡从大陆上切分出来,航海者们很快便发现了这一点。

几十年过去了,没有一个欧洲人能够突破高丽战舰的巡逻封锁,踏上这座半岛的土地。1622 年,荷兰的"犬"号更是被炮弹、箭矢与木矛袭击,不得不逃回公海上。凑巧的是,第一个对高丽做详细描述的欧洲人同样来自荷兰:1653 年,亨德里克·哈梅尔(Hendrik Hamel)的船在岸边沉没了,作为俘虏的他先是被带往汉城府,而后又被送往乡下。哈梅尔在朝鲜半岛上生活了 13 年才觅得机会逃回欧洲,而他的回忆录也成为之后两个世纪欧洲人对朝鲜半岛上这一封闭王国的唯一信息来源。

「南太平洋」

玛丽亚·特蕾莎礁
MARIA-THERESIA-RIFF

又名塔博礁（Taber）、塔波礁（Tabor）

位置：南纬 36 度 50 分，西经 136 度 39 分；一说南纬 37 度 00 分，西经 151 度 13 分

大小：不详

发现时间：1843 年 11 月 16 日

出现地图：不详

Marschall-Inseln
马绍尔群岛

Fidschi
斐济

Gesellschaftsinseln
社会群岛

Tonga
汤加

Cookinseln
库克群岛

Kermadecinseln
克马德克群岛

NEUSEELAND 新西兰

Wachusett-Riff
沃楚西特礁

Chathaminseln
查塔姆群岛

MARIA-THERESIA-
RIFF
玛丽亚·特蕾莎礁

MARIA-THERESIA-RIFF · SÜDPAZIFIK

1864年7月26日，豪华游艇"邓肯"号自格拉斯哥返航。正当一座岛屿出现在视线中时，船上当值的水手忽然在游艇的尾流中发现了一条锤头双髻鲨。船主爱德华·哥利纳帆勋爵（Edward Glenarvan）下令向水中抛下一条末端带钩的绳子，钩子上挂着一大块肥肉。不久之后，这个庞然大物便上了钩，而后被拖到甲板上开膛破肚。水手们在鲨鱼的胃里找到了一个神秘的酒瓶，酒瓶里有一张纸条，纸条上用三种语言写着同一条消息，但支离破碎，很难辨认："1862年6月7日……三桅帆船'布列塔尼亚'……沉没……哥尼亚……南半球……上岸……两名水手……船长格……到达……大陆被俘……残忍……印第安人……抛下此文件……经度……纬度为37度11分……请求援救……必死。"这显然是失踪的罗伯特·格兰特（Robert Grant）船长留下的信息！

哥利纳帆勋爵立刻备船，与格兰特船长的孩子们一起前往南美洲，按照纸条上留下的信息从那里出发，横跨太平洋，沿着南纬37度向西搜寻。几周之后，他们抵达了玛丽亚·特蕾莎礁这座火山爆发形成的小岛，岛上制高点的海拔约为100米。不久之后，他们在那里与失踪的船长团聚了。

曾乘帆船游历英吉利海峡、北海和地中海的作家儒勒·凡尔纳（Jules Verne）在他1867年出版的小说《格兰特船长的儿女》（*Die Kinder des Kapitän Grant*）中讲述了上面这个故事。他在书中称这座岛屿"很久之前便非常出名",小说中还有这样一段对话:"'可怎么是塔波岛呢?那可是玛丽亚·特蕾莎岛!''没错啊,巴加内尔先生,'哈利·格兰特回答道,'在德国和英国的地图上它叫玛丽亚·特蕾莎岛,而在法国人的地图上就是塔波岛。'"

20世纪80年代初,一名痴迷儒勒·凡尔纳的德国学生忽然对这座岛产生了兴趣:这位名叫伯恩哈德·克劳特(Bernhard Krauth)的学生想要对这座岛的方位和发现者有更多的了解,他发现这座岛并不在课本上的地图里,而是在一个不比皮球大多少的褪色地球仪上。在这个地球仪上,这座位于南纬37度的岛屿叫玛丽亚·特蕾莎礁,坐落在南太平洋上,距离法属波利尼西亚的土阿莫土群岛不远。克劳特对这座岛展开了研究,很快他便在更权威的地图上找到了这座岛屿:他先是在迈尔斯地理出版社出版的世界地图上觅得了这座岛屿的踪迹,而后他又查阅了《克淖尔斯大世界地图》,在这张由久负盛名的《泰晤士世界地图集》特许出版的地图上也发现了这座岛,不过经度要更偏东。他猜测,凡尔纳在写作时参考的是巴黎子午线而非英国的本初子午线。

1983年,克劳特给位于波恩的外交部写信咨询有关这座岛的事项,他先前曾经在某处读到,据说外交部收藏了3 000份不同的地图。外交部对此也一无所知,但还是给他寄去了一份俄国绘制的1∶20 000 000大比例尺地图复印件,在这张地图上,这座岛屿看起来就是一个微小的黑点。

克劳特后来又从汉堡的德国水文地理研究所了解到,最新的英国海洋地图上并没有收录这座岛屿。但这所负责德国海洋地图绘制的研究机构犯了个错误,克劳特很快便在英国人最新绘制的海洋地图上找到了这座岛屿,岛屿的方位要比之前更加偏东。

最终,克劳特找到了英国水文地理办公室,并收获了这样的答复:这座岛屿在1983年被重新定位,现坐标为南纬36度50分、西经136度39分,但这座岛存在与否依然扑朔迷离。信中还附上了一篇对重新定位这座岛至关重要的文章。

这座礁石岛最早出现在1843年阿萨夫·P.塔博(Asaph P. Taber)的航海日志中。当时塔博是美国捕鲸船"玛丽亚·特蕾莎"号的船长。1843年11月16日,"玛丽亚·特蕾莎"号行至南纬37度、西经137度的位置,他在航海日志中以潦草的笔记写下了一条记录,看起来既像是"看见了巨浪",又像是"看见了浮出水面的鲸鱼"。几个月后,《新贝德福德信使报》报道称发现了一座新岛屿,然而报道中船长的名字并非塔博(Taber),而是塔波(Tabor),这座岛屿依然位于南纬37度,经度却往西偏移了几百英里。其他报纸也相继转载了这一消息,很快海洋地图上便多了一座礁石岛,有些地图上称其为玛丽亚·特蕾莎岛,而包括2006年伯恩哈德·克劳特拿到手的那张法国地图在内的其他地图上则称之为塔波岛。儒勒·凡尔纳本人极有可能看过这版地图,并于这张地图出版的4年后创作了《格兰特船长的儿女》一书。

至今人们仍不确定这座礁石岛是否存在,即使是卫星图片也束手无策。也许这座岛已经被海水淹没,在海面下潜伏着。但鉴于人们不能证明它不存在,所以并没有把它从地图上删去。伯恩哈德·克劳特在 14 年的航海生涯中一路做到了船长，曾驾船多次横穿北太平洋，他本想亲自去探访一下这座他心驰神往的岛屿，却始终未能成行。

「南冰洋」
新南格陵兰岛
NEW SOUTH GREENLAND

位置：南纬 62 度 41 分，西经 47 度 21 分（北端）

大小：长 480 千米，宽不详

发现时间：1821 年，1823 年，1843 年

出现地图：不详

NEW SOUTH GREENLAND · SÜDLICHER OZEAN

1912年夏,"德国"号和南冰洋一块巨大的浮冰冻在了一起,在冰中动弹不得的货船只得随着浮冰一起向西北方漂流。威廉·费通起是这次远航的组织者,每天都要在地图上追踪这艘船航线的他发现,这块浮冰正带着他的船漂向新南格陵兰岛的方向,而这座岛的存在与否,长久以来一直是人们争论的话题。

6月23日,船抵达了距离新南格陵兰岛不足60千米的地方,费通起决定带人下船对这座岛屿进行搜寻。眼下这块浮冰还和他们的船冻在一起,但没人知道这种状态还能维持多久,一旦浮冰转向,他们就很难回到大船上去,留给他们搜索的时间不多。欣然同意与费通起同行的还有另外两人,一个是阿尔弗雷德·克林(Alfred Kling),一个是名叫柯尼希(König)的学者。克林是导航方面的专家,而柯尼希对于辨认冰块的种类十分得心应手。

在出发之前,费通起给船长留下了非常详细的求救方案:从第四天起,每晚在主桅杆上挂上锚灯;从第七天起,每晚6点整向空中发射一颗信号弹;如果两周之后仍然没有获救,那就派小队人马出去寻求支援,并在浮冰的顶端升起一面黑旗。

周日上午11点,费通起、柯尼希和克林三人驾着狗拉雪橇向着西方飞驰而去。此时气温为零下35度,他们的口粮可以支撑三个星期。

不到一百年前,本杰明·莫雷尔在游记中第一次提到了新南格陵兰岛,而他正是太平洋上另一座幽灵岛屿——拜尔斯-莫雷尔岛的发现者。"下午3点半前后,我们到达了岛屿附近。"1823年3月15日,莫雷尔这样写道。第二天,他驾船在"离岸边不到2千米的地方"游弋。岛上有白雪覆盖的山峦,"这里一片荒凉,却有各种各样的海鸟,还有3 000只海象和150头海狗"。第四天,莫雷尔抵达了岛的最北端,并将这里的坐标标记为南纬62度41分、西经47度21分。

费通起一行人度过了非常艰难的第一天。南半球此时正是冬天,在如此靠近南极的地方,太阳根本不会跃出地平线,雪橇上的三人只得靠着微弱的阳光在极夜中确定方向。雪橇刚出发不到几百米便不得不为了躲避一个巨大的冰洞而转向西北方,一路上还曾多次陷进冰层动弹不得。

每架雪橇由八只雪橇犬拉动,但它们反复被缰绳缠住,费通起三人不得不反复停下雪橇,解开打结的挽具,而后继续上路。"这是雪橇旅行里最令人不快的事情。"克林在他的游记中抱怨道。在极地滴水成冰的严寒天气中,他们不得不摘下手套,徒手解开挽具,同时还要留心雪橇犬有没有趁着解开挽具的时候逃跑。

下午2点,夜幕降临了。费通起一行人卸下雪橇上的行李,支起了一座帐篷,将雪橇犬在雪橇上拴好,给每只狗两磅干熏鱼当作口粮。三人在帐篷中生起炉子融化雪水,顺便搓掉胡子上结的冰。即便是帐篷里面也寒冷无比,未戴手套的手碰到任何一件金属制品都会立刻被冻在上面。他们每人吃了一些带麸皮的面包片,又分了一点冻得硬邦邦的香肠——为了切开香肠,他们甚至用上了穿索针。他们有一搭没一搭地努力聊着天,尽量不去想船上每周日都有烤肉配红酒的大餐可吃。"我们今天只走了6千米。假如浮冰上的路况依然这么糟糕的话,我想我们恐怕完成不了我们的任务。"克林这样记录道。

晚上睡觉时,三人的胡子上又结满了冰。第二天早上9点,三人拖着筋疲力尽、关节酸痛的身体起了床。他们煮了茶,吃了些饼干,将帐篷收起来绑在雪橇上,11点钟时又继续上路了。"假如我们三个人中有一个人在这种极寒天气里掉进了水里,估计不等他反应过来想到要换衣服,就已经一命呜呼了。"克林这样评论道。一头长须鲸突然顶破了冰层,喷出一道高高的水柱,而后又沉入水下消失了。"我们看着它顶出的洞,一言不发,心里都在想:假如我们刚刚站在那里,那可怎么办啊。"在极地诡异的光线下,这头巨兽仿佛幻觉一般不真实。

这天下午,他们又前进了4千米。帐篷里,三人垂头丧气地围坐在炉子周围。这浮冰远比他们想象的更难征服。没人愿意说话,没过多久大家便爬进自己的睡袋里,祈祷着身下的冰面不要在他们睡觉时忽然裂开。第二天就是克林的生日了,他躺在睡袋里,想着那些已经逝去的岁月,"我不禁脱口而出:我已年近三十 / 经历了许多风暴 / 在这冰天雪地中 / 我的生死未卜 / 未来将去向何处?"

6月25日,第三天。阿尔弗雷德·克林在一片黑暗中醒来,却惊讶地发现此刻已经是上午9点了。他叫醒了两位同伴,他们祝他生日快乐。即便是在这样的环境中,克林还是要庆祝一下自己的生日:"我带来了我最好的两支雪茄,留着在生日这天抽。"上午10点半,三人又出发了。

他们在大块的冰川上向着西南方行驶了一个小时，终于看到了平坦的冰原，而后迅速转向西方继续前行。克林试图确认他们现在的方位坐标，却发现罗盘被冻住了，他将罗盘塞进自己的衣服里，想要融化罗盘里面的甘油，但90分钟过去了，罗盘的指针还是一动不动。测距仪也罢工了，他们只得靠月亮来辨别方向。"情况令人非常焦虑。"假如他们连自己的位置都确定不了，那又该如何回到他们冻在浮冰里随波逐流的船上呢？

尽管困难重重，但费通起一行人今天一口气走了18千米。他们心情愉快地围坐在发出轻响的炉子旁闲聊着，坏了的罗盘也修好了。

夜晚，雪橇犬在帐篷外狂吠，但三人依然在帐篷中安睡。第四天早上7点，月亮从云层中现身了——雪橇犬竟然拖着雪橇跑了！与此同时，远处传来响亮的嚎叫声。克林抓起鞭子上前追赶，在冰面上的一条裂缝旁发现了正与一只海狗搏斗的雪橇犬们。克林挥起鞭子抽打它们，但雪橇犬死活不愿意松口，直到克林用破冰斧打死了那只身负重伤的海狗，它们才平静下来。

第五天早晨，克林在上路时坐在了第二架雪橇上，并用信号哨发出指令：一声是"向右前行"，两声是"向左前行"，三声是"停"。今天冰上的路况总算有所好转，费通起一行人一直赶路到下午3点，一共走了25千米，和"德国"号的直线距离为53千米。克林支起了经纬仪和量角器来确认方位。他在零下30度的气温中徒手拧着螺丝，试图对准天狼星，但很快指尖便冻在了望远镜的金属镜筒上。费通起将他替换了下来，但两人都只能调试几秒钟，然后就必须重新戴上手套，活动活动胳膊，好让血液恢复正常流通。

最终，他们在望远镜里看到了模糊的小光点一般的天狼星。为了方便阅读测量数据，他们随身携带了一支手电筒，但这里的低温让它也罢了工。无奈之下，三人只好换成了点着蜡烛的提灯。两个小时之后，他们总算完成了测量——而通常情况下完成这一系列流程只需要十分钟。

克林坐在帐篷中一边喝着茶一边推算出他们此刻的坐标为南纬70度32分、西经43度45分。但奇怪的是，这个坐标和他们之前的估计并不相符。克林向同伴们保证，他们一定能够顺利找到他们的船。最终三人约定，明天再赶一天的路，然后就原路返回。天寒地冻，帐篷的内侧结了一层薄薄的霜，就连他们的鼻子里面都结了冰。"让我吃惊的是，当我们回到船上的时候，我们的鼻子都还健在。"克林后来回忆道，"对此我唯一的防护措施就是在脸前挡上了一块手帕，但到了第二天早上，手帕便变成了一块硬硬的冰壳。"

第六天一早，费通起一行人驾雪橇经过了一个巨大的冰洞。他们沿着冰洞行驶了几千米，仍然看不到这个冰洞的尽头，便决定在这里测量一下海深。三人此刻所在的位置便差不多是当年莫雷尔在船上看到陆地的位置。他们将其中一架雪橇推到冰洞旁，将一根铁棒穿过缆轴固定在雪橇前端，然后用一只雪鞋的一头抵在缆轴上，另一头抵在雪橇上，以此来充当"刹车"，而测深锤前端的重物则是一个75磅重的铁球。

阿尔弗雷德·克林坐在缆轴旁边，手里拿着钳子架在缆绳上方，以便感觉缆绳放下去的深度。几百米的第一层缆绳放下去了,而绳子并没有绷直,显然缆绳卷得太松了。当测深锤下降至1200米的深度时,缆绳断了。"无论如何,这次测量宣告了我们任务的结束,肉眼观察和实验结果都告诉我们,我们所向往的那座岛并不在附近。"克林这样写道。他们此刻已从"德国"号出发行驶了57千米,距离新南格陵兰岛的位置则不足8千米。实际上,由于冰川的漂移,他们的出发点已经在102千米以外了。本杰明·莫雷尔显然是搞错了。

三年后,英国人欧内斯特·沙克尔顿(Ernest Shackleton)所乘坐的"忍耐"号在途经新南格陵兰岛附近时同样被困在了冰里,他也因此证实了费通起一行人的观察结果。"我认为莫雷尔发现的那片陆地与极地地区的很多岛屿和海岸一样,消失在了重重的冰山之中。"1915年8月17日,他这样记录道。不久之后他便目睹了一场海市蜃楼:"远处的冰山堆叠成高耸的屏障,蓝色的海洋与水道中映着它们的倒影。"随后又出现了奇幻的景象:"霎时间,冰山的顶端出现了宏伟的白金色城市,城中的建筑一派东方风情。"

当费通起一行三人重新启程时,天已经完全黑了。昏暗的光线使得他们难以觅得来时的路线。最终他们抵达了前一晚的驻扎地。克林担心,他们可能找不到"德国"号了。

6月28日,大雾弥漫。两天后就是满月了,届时冰面将因为涨潮而变得容易开裂,也极有可能漂移至无法预估的方向,总之对他们而言非常危险。他们试图一路沿着来时留下的轨迹回到船上,然而饥肠辘辘的雪橇犬却不听使唤地忙于追逐三头肥硕的海狗而偏离了路线。这让他们白白耽搁了一个小时，来时的轨迹也找不到了。他们决定向着东北偏东行驶，克林决定沿着这个方向寻找来时的那块浮冰，假如到了那里他们找不到他们的船，那就换到东北方向再次尝试。无论如何他们总是能看到距"德国"号15千米开外那两座标志性的冰山。雪橇顶着大雾在冰原上飞驰，向着东北偏东方向走了3千米之后，他们终于又找到了来时的路。

  天黑后，大雾消散了。费通起一行人决定借助昏暗的月光继续前行。"我们无声地驾着雪橇在冰面上滑行，仿佛正向着瓦尔哈拉神殿而去。"克林回忆道，"周遭安静得如同坟墓一般，只有雪橇驶过冰面的吱嘎声和柯尼希呼唤雪橇犬的声音能够打破这恶魔般的死寂。"忽然，冰洞中一头鲸鱼露出水面，向着天空喷出一股水雾。夜晚光线微弱，克林看不清罗盘，只能通过天空中的月亮和行星确定方向。"有位占星家曾告诉我，木星将是我的幸运星。此时我不禁满怀敬畏地望向空中的木星，祈祷它能在这迷茫的时刻与我们同在。"

  雪橇行至一个巨大的冰洞前。这个冰洞有2千米宽，上面覆盖着一层拳头厚的冰盖。这无疑是三人此行中遇到的最危险的障碍。柯尼希穿着雪鞋小心翼翼地在前面探路。他向后面的两人发出信号，而后他们一同慢慢地摸索前进，就连雪橇犬们都伸着爪子试探性地前行。忽然，冰盖的中间出现了一条细细的裂缝，他们每走一步，冰盖就要向下弯曲一次，海水从裂缝中渗出来，在玻璃一样的深色冰盖上流动。

  一踏上坚实的冰面，所有人都长舒了一口气。很快他们便再次抵达了路况不佳的浮冰。晚上8点半，雪橇犬们累得实在走不动了，费通起一行人便搭起帐篷准备休息。他们这一天走了34千米！

6月29日，天气晴朗，万里无云。阿尔弗雷德·克林登上一座冰山的峰顶，看到远处地平线上有一根船的桅杆。但他并没有立刻将这一发现告诉两位同伴，毕竟在几天前三人还一起被海市蜃楼迷惑过。克林从望远镜中辨认出那正是"德国"号，而它就离自己不到16千米，兴许他们今天就能上船！

很快，新的大冰洞横亘在三人面前，然而这次却怎么也过不去了。就在这时，冰洞的对面传来呼唤声，"德国"号的船员们向他们挥手致意，却也爱莫能助。三人只好在冰上再露宿一夜了。为了庆祝即将完成的胜利返航，三人煮了一锅方便豌豆汤，又往里面加了半罐腌牛肉。"我已经记不得上次吃到这么美味的食物是什么时候了。"克林回忆道。

夜里，费通起一行人听到冰块发出轰响，猜测是冰洞合拢了，然而第二天一早他们发现冰洞并没有完全合拢，中间还有一片难以跨越的水面。最终"德国"号的船员们出现了，将这三位冒险者和他们的雪橇与雪橇犬分批装在小船上，带到了冰洞对岸。

"德国"号的桅杆上还挂着那盏提灯。三名探险者上船后才发现"德国"号先是向西南方移动，而后拐向西北方，现在又重新转向东方，在海上来回漂流。三人像是在荒野里生活了三年五载，对船舱里的一切都感到怪异而又陌生。他们的毛皮大衣冻得像钢板一样硬，被冻伤的指尖隐隐作痛。在生日后的第五天，阿尔弗雷德·克林在船上补过了一个有美酒、音乐和歌声相伴的生日，人人放声高歌，而费通起却躺在自己船舱里的床上饱受心绞痛的折磨。

SÜDAMERIKA
南美洲

Patagonien
巴塔哥尼亚

Magellans
麦哲伦海峡

Feuerland
火地群岛

Kap Hoorn
合恩角

PEPYS ISLAND
佩皮斯岛

Falklandinseln
福克兰群岛（马尔维纳斯群岛）

埃斯塔多斯岛
Staateninsel

「南大西洋」
佩皮斯岛
PEPYS ISLAND

位置：南纬 47 度
大小：不详
发现时间：1683 年
出现地图：不详

PEPYS ISLAND · SÜDATLANTIK

　　1683年年底，英国人威廉·安布罗斯·考利（William Ambrose Cowley）在南大西洋上迷失了方向。考利是一个西印度海盗，是海岸兄弟会的一员。在法国人、荷兰人和西班牙人看来，考利不过是一个海盗罢了，但他却真的不只是一个海盗：他拥有一艘自己的帆船、一帮忠心耿耿的船员，还在伦敦结交了不少政界的朋友。对英国而言，这些海盗是帮助英国袭击敌对国家船只的廉价雇佣兵。长久以来英国王室一直给予私掠船以合法地位，同时从他们掠夺来的财物中分一杯羹。这些海盗的大本营位于牙买加的皇家港，他们从这里扬帆起航，将加勒比海沿岸的城市洗劫一空。

　　考利的"快活单身汉"号上装有40门加农炮。正当考利驾船沿南纬47度向西南方行驶时，他发现了一座陌生而无人居住的小岛。他以他的朋友、海军部秘书塞缪尔·佩皮斯（Samuel Pepys）的名字将其命名为佩皮斯岛。"岛上淡水和火绒都非常充裕，海湾足以供数千艘船只停泊。据我们的观测，岛上鸟类数量惊人，主要由砂石组成的海岸也让我们有理由相信，岛附近的鱼类数量绝不会少。"考利在航海日志中这样记载道。以佩皮斯岛为据点，不仅方便了海盗们对南美洲的水道进行严密监视，并且让他们得以对沿海城市进行偷袭，而不必担心会有人很快追踪到这座偏僻的小岛。

　　1684年1月，考利在航海日志中补充道："这个月里我们抵达了南纬47度40分，在东北偏东风的天气下发现西方有一座小岛。我们向小岛驶去，但天色已晚，不宜登岸，我们便在岛上的岬角前过了夜。这座小岛景色宜人，岛上森林遍布，几乎覆盖了整座岛屿。岛的东侧是一片山崖，山崖上生活着大群鸭子大小的鸟类。当我们的船只经过山崖时，船员们捕获了大量这种鸟类当作食物，它们相当美味，就是稍带一些鱼类的腥气。"同一日的下午，他又看到了一座岛，他认为这是谢堡德群岛[①]中的一座。考利特意为这些岛屿和海峡绘制了一张草图。

1764年，帕特里克·莫阿特（Patrick Mouat）与约翰·拜伦（John Byron）受英国政府的秘密委托为这片海域绘制地图，并对佩皮斯岛展开搜寻。从里约热内卢出发，他们沿着南纬47度一路向东航行，传说中的奥罗拉群岛理论上也应该在不远处。除此之外，有位植物学家还报告称在瞭望台上看到过像是一座岛的东西，但当船开近时，这座"岛"却没有变大。

帕特里克·莫阿特与约翰·拜伦在寻找佩皮斯岛未果后，转而驶向位于佩皮斯岛南方2度的福克兰群岛（马尔维纳斯群岛）。抵达福克兰群岛（马尔维纳斯群岛）后，他们发现考利的草图与福克兰群岛（马尔维纳斯群岛）极为相似，包括图中的海峡也几乎分毫不差——这就意味着这个海盗早在那时便发现了这片群岛。

[①] 谢堡德群岛：福克兰群岛（马尔维纳斯群岛）西侧岛屿的旧称。——译者注

「苏必利尔湖」
费利波岛与蓬查特兰岛

PHÉLIPEAUX
UND PONTCHARTRAIN

又名菲利波岛（Philippaus）

位置：不明

大小：不详

发现时间：不详

出现地图：贝林（1744年），米切尔（1755年）

PHÉLIPEAUX UND PONTCHARTRAIN · OBERER SEE

1782 年夏，美国的谈判使者们抵达了巴黎，以本杰明·富兰克林（Benjamin Franklin）为首的一行人希望能结束对抗英国的独立战争，并划定美国北侧的边界线。谈判进行得非常艰难。由于当时还鲜有白人对五大湖区的森林、湖泊和河流进行勘测，因而划分这片区域的难度超乎人们的想象，只有来自蒙特利尔或者哈德孙湾的皮草商人才会出入这里打猎。谈判团一再俯身研究桌面上铺展开的《米切尔地图》，这张地图长 2 米、宽 1.4 米，内容翔实。制图者约翰·米切尔（John Mitchell）的本业是医生，于 1755 年绘制了这张北美东部的地图。

关于捕鱼权归属、清算支付战争赔偿金和归还被没收地产的激烈争论持续了几个月之久，最终双方划定了美国和英国在加拿大的殖民地之间的边界线。这条边界线在经过苏必利尔湖时将在湖中三座岛之间穿过，罗亚尔岛和据人们推测物产丰富的费利波岛归美国所有，而蓬查特兰岛则归加拿大所有。和平条约第四章中关于西北侧边境线有这样的描述："（边境线）穿过苏必利尔湖，经罗亚尔岛和费利波岛的北侧直至长湖，经过长湖中部后穿过伍兹湖，至伍兹湖西北角止。"1783 年 9 月 3 日，英国国王乔治三世的代表小戴维·哈特利（David Hartley）与美方代表本杰明·富兰克林、约翰·亚当斯（John Adams）、约翰·杰伊（John Jay）共同签署了《巴黎和约》。这份合约的签署标志着美国独立战争的胜利，同时也意味着美利坚合众国终于成了一个独立的国家。

19世纪初,为了揭开最后一段尚不为人所熟知的边境线的神秘面纱,美国人组建了一个委员会对这里的森林和峡谷进行勘测。波特将军简明扼要地总结道:"完全荒无人烟的土地,环境并不宜人,甚至让执行勘探任务的人感到难以忍受,气候寒冷恶劣,一年中只有一小段时间适宜人类活动。"关于费利波岛,他只字未提。

1824年2月,位于纽约州奥尔巴尼的委员会最终确定了边境线的位置。据初步勘探,于北岸汇入苏必利尔湖的共有13条河,但具体数目还有待进一步详细的研究。到了这个时候,人们意识到先前合约中边境线的参考点位置的确存在错误与疑问,而费利波岛并不存在。加拿大人之后对蓬查特兰岛进行了搜寻,同样无功而返。

随着时间的推移,人们确认了实际上约翰·米切尔在绘制地图时参考了先前的法国地图,而费利波岛和蓬查特兰岛最早出现在巴黎地理学家雅克-尼古拉·贝林(Jacques-Nicolas Bellin)1744年绘制的一张地图上。虽然罗亚尔岛真实存在,但它旁边的费利波岛和蓬查特兰岛却是贝林为了致敬他的赞助人路易·费利波·德蓬查特兰二世(Louis II. Phélypeaux de Pontchartrain)而特意虚构的。

「北冰洋」
黑岩岛
RUPES NIGRA

位置：北纬 90 度

大小：长不详，宽 53 千米

发现时间：不详

出现地图：格哈德·墨卡托（1598 年）

RUPES NIGRA · ARKTISCHES MEER

14世纪中叶，传说中亚瑟王的军队占领了挪威北面的岛屿，那是一片一年中有数月见不到阳光的冰冷荒凉之地，岛上的山峰高耸入云。岛之间湍急的海流向着北极奔去，即便是顺风行驶的船也难以逆流航行，将近4 000人曾试图逆流而上，却全都有去无回。只有一艘载着8个人的船成功抵挡了这疯狂的水流，抵达了挪威国王的宫廷。这8人中有一位来自牛津的牧师，他在《宝藏与发现》(*Inventio Fortunata*)一书中讲述了这段经历，然而他生活的时代并没有亚瑟王。

论绘图精确与对游记的研究，没有哪个绘图学家能与生活在杜伊斯堡的格哈德·墨卡托（Gerhard Mercator）相提并论。16世纪中叶，墨卡托为了绘制一幅北极地图而认真研读了《宝藏与发现》和来自斯海尔托亨博斯的雅各布斯·克诺扬（Jacobus Cnoyen）的游记《英王亚瑟功绩传》（*Res gestae Arturi britanni*），这两本书如今都已下落不明。根据墨卡托的研究，在北冰洋中有四座绕着北极呈环形排列的岛屿，在这四座岛屿中间有一个巨大的漩涡，水流在那里呈环形奔流，而后流入地球深处。在北极点上的海面上有一座光秃秃的小岛，墨卡托在地图上将其标注为Rupes nigra，意为黑岩。"整座岛周长将近33法里，完全由磁石构成。"墨卡托在一封信中这样断言。岛上的山峰直接天际，黑色的岩石在阳光下闪着光，"岛上鲜少有土地，寸草不生"。

自从罗盘被发明后，地理学家一直猜测在地球的两极一定存在着这样的磁山，据说连船上木板中钉的铁钉在磁山附近都会被吸出来。马丁·贝海姆在他1492年制作的地球仪上虽然没标出这样的磁山，却第一次在北极的西面画出了两座岛屿，同时北欧与亚洲在北极的东侧围成了一个半圆。不久之后，约翰内斯·勒伊斯（Johannes Ruysch）在他1508年绘制的地图上画出了北极地区的四座岛屿，并称在北极汇聚的洋流顺着一个巨大的漩涡流入地球内部。

北欧传说中曾描述过名叫Hvergelmir的世界之源。传说中记载，地球上的水途经地下的通道流进又流出，这种运动体现在海岸边就是涨潮与退潮。"这个极深的漩涡离我提到的那片海岸不远，就在它西面的大海尽头处，我们通常将其称作海洋之脐。"8世纪时，保卢斯·瓦尔内弗雷迪（Paulus Warnefridi）这样写道。传说还称，被卷入漩涡的船只会因为巨大的吸力而如同离弦之箭一般飞上天空，然后在最后一刻随着轰鸣的潮水被卷入深渊。

格哈德·墨卡托收集了以上的所有信息。尽管16世纪时黑岩岛自地图上消失了，但关于极地大漩涡的传说依然长盛不衰，直至19世纪仍有学者和航海者相信北极地区确实有这样一个大漩涡，而非被冰雪覆盖。

小知识

关于磁山的传说同样启发了讽刺作家乔纳森·斯威夫特（Jonathan Swift）。"读者也很难想象出我当时有多么惊讶，居然看到空中会有一座岛，上面还住满了人，而且看来这些人可以随意地使这岛升降，或者向前运行。"斯威夫特1726年出版的《格列佛游记》中的主人公勒缪尔·格列佛这样说道。这座名叫勒皮他的小岛呈环形，岛的中央有一块巨大的磁石，而正是这块磁石的磁力使得这座岛可以自由活动。但这座岛并非人间天堂。根据格列佛的描述，岛上居民们的生活一片混乱，从没有一刻真正地感受到快乐，他们互相之间不停地交谈，却从不理解彼此说的话。

「太平洋东珊瑚海」

珊迪岛

SANDY ISLAND

又名萨布勒岛（法语：Île de Sable；英语：Sable Island）

位置：南纬19度13分6.4秒，东经159度55分23.4秒

大小：120平方千米

发现时间：1876年

出现地图：《国家地理》、"谷歌地球"等

SANDY ISLAND
珊迪岛

20°

Cook Reefs
库克礁

French Reefs
法国礁

Minerva Sh.
密涅瓦礁

Bellona Sh.
贝洛纳礁

Fairway R.
费尔维礁

NEUKALEDONIE
新喀里多尼亚

South Bellona R.
南贝洛纳礁

160°

SANDY ISLAND · ÖSTLICHES KORALLENMEER, PAZIFIK

　　船只触礁搁浅可真是一场噩梦，在海底浅滩上搁浅也是一样。这场海难发生在东珊瑚海上，新喀里多尼亚属下最近的岛屿离此也有几百千米，而"南部勘探者"号的母港布里斯班更是在西南方1100千米之外。从这艘船的甲板上望出去，几小时内行过之处尽是茫茫的大海，根据测量仪器的数据，这里也绝不应该有搁浅的危险，此处海深1300米，不可能有海底浅滩，更不可能存在岛屿。

　　但弗雷德·斯坦（Fred Stein）船长依然感到前所未有的紧张。他深信不疑的天气图上清楚地标明这里存在一座岛屿，国家地理协会的地图上和"谷歌地球"上也是如此：在南纬19度14分和东经159度56分的交汇处有一个仅有几个像素点大的黑色条形物体，仿佛大海中的一个路障：这是一座名叫珊迪岛的岛屿，长24千米，宽5千米。假如真的像斯坦船长所深信不疑的那样，这座岛的确存在，那这座岛足有两个曼哈顿那么大，是不可能错过的。

　　斯坦船长放慢了船速，让这艘科考船一米一米地缓慢驶过这片海域。船头聚集着20多位身负重任的科学家，他们观测着海面，专注地观察着海底是否有隆起或是海面上的波浪是否改变了方向——这预示着水下存在离海面不远的危险暗礁。

　　此时是2012年11月中旬，来自悉尼大学的科学家们已对东珊瑚海进行了将近三个星期的研究。33岁的海洋地理学家玛丽亚·西顿（Maria Seton）带领着科研团队，对"第五大陆"的地理变迁进行研究。地球诞生之初，澳大利亚、印度、非洲、南美洲、马达加斯加、阿拉伯半岛和南极洲本同属于巨大的冈瓦纳大陆，随着时间的推移，冈瓦纳大陆逐渐分裂，发生在4500万年前的最后一次分裂将澳大利亚与南极洲分离开来。为了对澳大利亚板块最东缘进行研究，这个科研团队已对14000平方千米的海域进行了测绘，同时采集了将近200份岩石样品。

玛丽亚·西顿每天都要在各种航海地图上追踪"南部勘探者"号的航线，并不时对其作出修正。11月13日下午，西顿在地图上发现了一座名叫珊迪岛的小岛，但并非所有地图上都有它的存在。船长的天气图上有，由50名绘图学家持续修正更新的权威地图《泰晤士世界地图集》上也有，而其他的航海图上则指出，整片区域的海深都在1300米到1400米之间。究竟哪方才是正确的呢？假如这座岛真的位于一座海底山峰上方，那这无疑是地理学上的一个奇迹了。

11月15日，"南部勘探者"号渐渐驶近珊迪岛的坐标。船头上的研究者们都聚精会神地观察着海面——这座岛有可能就在海面下几米处！除了岛屿，水下也许还埋藏着坚硬的石灰礁。石灰礁在东珊瑚海并不少见，比方说在切斯特菲尔德群岛周围便有分布。无人居住的切斯特菲尔德群岛位于法属水域，由十几座小岛和几百座礁石组成，分布在70千米×120千米的一片海域，但各个岛屿相加，陆地总面积连10平方千米都不到。

船长担心此次航行极有可能是竹篮打水一场空。所有的可能性都显示，地图上西太平洋中相当多的礁石、岩岛和岛屿实际上并不存在，而这些不存在的岛屿不少都分布在新西兰东侧的洋面上，比如沃楚西特礁、埃内斯特·勒古韦岩、木星礁和玛丽亚·特蕾莎礁等。然而鉴于并没有如山铁证可以证明它们不存在，为了保险起见，它们依然留在地图上。

"南部勘探者"号抵达了珊迪岛的坐标。科学家们看着屏幕上的船缓缓驶过"谷歌地球"上代表珊迪岛的黑色像素点。一些人不禁偷笑起来，而另一些人则咧嘴笑得光明正大，因为他们心里清楚，他们刚刚证实了这座岛屿的确不存在。科考团中甚至有位科学家认为他们刚刚改变了世界，也许的确是改变了一点吧，起码他们改正了地图上的错误。

2012年11月21日，"南部勘探者"号安全返回布里斯班港。不久之后，玛丽亚·西顿向澳大利亚媒体公布了他们在东珊瑚海的发现——什么都没有发现。很快，这个消息便像发现新大陆的新闻一般传遍了全世界。

几周之后，人们得知，其实他们本可以更早地发现珊迪岛并不存在。2000年，一群业余无线电爱好者抵达了距离珊迪岛不到100千米的切斯特菲尔德群岛，试图创下在世界上最荒凉的岛上发送无线电信号这一世界纪录。在前期准备阶段，这些无线电爱好者在一张地图上意外地发现了珊迪岛，他们认为这是完成这项实验的绝佳地点。他们对这座岛屿进行了搜索，却无功而返。这一失败被写进他们远航的报告中，然而并没有人在意他们此行的这一意外收获。

2012年11月，谷歌从地图中删去了珊迪岛，但直至2013年年初，人们依然不知道当初是谁将这座岛加进了地图，这座岛又是怎样被收录进几大著名地图当中的。珊迪岛所在海域归法国管辖，但即便是法国政府也并没有将这座岛屿列为正式领地，多年之前便将其从官方海洋地图中删去了。

自2000年开始，珊迪岛出现在了澳大利亚的官方海洋地图上，而这份地图所使用的信息来自美国的情报机构中央情报局。对于这一事件，有些专家大胆假设出了一套有关原子弹的阴谋论，而有些专家则认为这不过是一起荒唐的谬误，这座"岛"其实是人们在数码化旧地图时不慎产生的：一只苍蝇凑巧被夹死在地图和扫描仪之间，因此这座岛看起来就像是地图上的一个黑色小洞。

2013年夏天，肖恩·希金斯（Shaun Higgins）揭开了珊迪岛之谜的神秘面纱。在新西兰奥克兰战争纪念博物馆做图书管理员的希金斯在档案库中翻出了一条旧记录：1908年，珊迪岛第一次出现在英国海军部的一张地图上。由于绘图者对这座岛的存在与否同样存疑，所以这座状似雪茄的岛在地图上是用虚线勾勒的。地图的一角还有这样的标注："航经太平洋小岛时请务必当心，本图中的细节由多年来不同测量者的记录汇编而成，因此危险地带的相对位置也许并不绝对准确，也可能仍有未被发现的岛屿存在。"除此之外，地图上并没有更详细的描述。

就在希金斯将他的发现发表在博物馆的博客上之后，他又发现了更多的细节。一位读者给他写信称，捕鲸船"速度"号的船长在1879年的《澳大利亚目录》（Australia Directory）中提到了两个水文发现："猛烈的海浪"和由北向南分布的"沙岛"。这位船长也许是试图警告来往的航海者当心这片危险海域，而他本人并不敢冒险驶近。

或许"速度"号的船长相信他所看到的是法国航海家约瑟夫·布吕尼·当特勒卡斯托（Joseph Bruny d'Entrecasteaux）在不到一百年前发现的一座小岛：1792年6月28日至7月1日前后，当特勒卡斯托在东珊瑚海发现了数座小岛，其中的一座被命名为萨布勒岛（今属新喀里多尼亚西北角附近一群岛）。如果是这样的话，那"速度"号的船长显然是误将这座岛的方位定偏了几百千米。

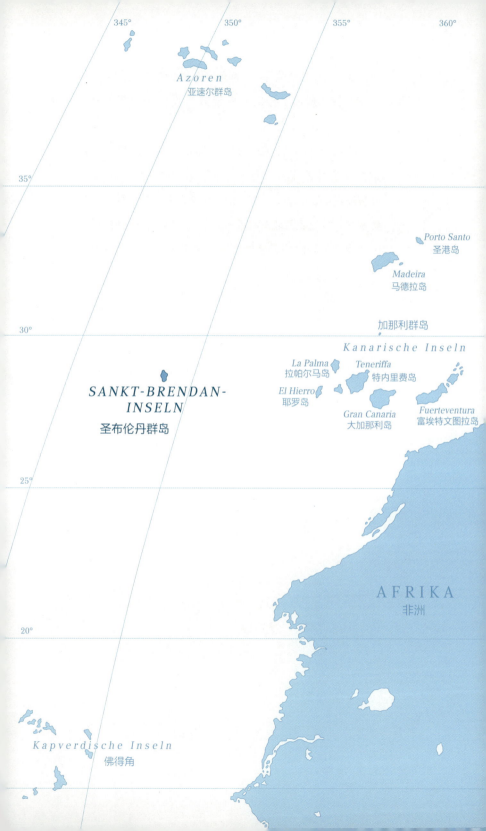

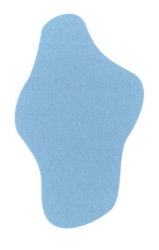

「大西洋」

圣布伦丹群岛

SANKT-BRENDAN-INSELN

位置：加那利群岛

大小：不详

发现时间：公元530年前后，1719年，1721年，1759年

出现地图：《埃布斯托夫世界地图》(1235年)，杜切尔特(1339年)，贝海姆(1492年)

SANKT-BRENDAN-INSELN · ATLANTIK

在斋戒了 40 天后，来自爱尔兰的修道院院长布伦丹带着 14 名修士驾驶蒙着公牛皮的木船出海，寻觅传说中的圣人之岛。40 天后，他们终于在海上看到了陆地。这座岛屿地势陡峭，岩石遍布，他们为了找地方抛锚停泊便花了三天。岛上有座大厅，厅里的桌上刀叉齐整、饭菜俱全。布伦丹劝诫众人，不可被魔鬼引诱行偷窃之事，然而有名修士禁不住诱惑偷了东西，因此无论怎么祈祷都已无药可救，他的灵魂已归撒旦所有。

布伦丹和修士们继续前行，从一座岛辗转至另一座岛。他们目睹过巨大的白色绵羊，也饮过魔泉之水，有些人连睡了三天三夜。他们还在一座岛上见过一棵满是白鸟的树，其中一只白鸟飞下来，告诉布伦丹，他还要再跋涉七年才能到达神圣的应许之地。

之后他们又抵达了一座遍地结满紫红色果实的岛屿，岛上的空气中弥漫着石榴的味道。他们看见一家冒着烟的铁匠铺，耳边是锤子敲击的巨响。他们到了另一座岛上，用从海上漂来的木材生火，不料这座岛却忽然沉没了，他们赶忙逃回船上，才发现那并不是一座岛，而是一只巨大的鲸鱼。

他们在岛屿之间来回穿行。根据故事中的记载，海面有时冰封千里，有时又沸腾翻滚，而后的几个星期里海面上又静得一丝风都没有。忽然间一只怪物袭来，想要将修士们吞进肚去。修士们开始祈祷，而后一条喷着烈火的巨龙出现了，将怪物击作三段。后来又有一只狮鹫从天而降，上帝再次降下一只鸟儿拯救了他们。上天的使者还告诉他们，该在哪座岛上度过复活节、圣灵降临节与圣诞节。他们还曾见过出卖耶稣的叛徒犹大坐在一座山崖上。在另一座岛上，他们还认识了一位隐士，他靠捕来的鱼为食，从一条仅在周日流淌的小溪中取水饮用。这位隐士自称正等待着审判之日的到来，并祝福了布伦丹。在向东航行了 40 天之后，大雾终于散去，他们魂牵梦萦的岛屿露了出来。海岸边有一位少年张开双臂欢迎他们的到来，他告诉布伦丹，上帝将他的无数秘密都隐藏在大海之中。他们在岛上稍作停留，采集了一些水果和宝石，便起航返回家乡了。

历史上布伦丹院长确有其人。他于公元 480 年出生在爱尔兰西南部，于公元 512 年获得神职，与随从一道建起了一座修道院。他曾游历过赫布里底群岛、威尔士、布列塔尼半岛、奥克尼群岛和法罗群岛等地。传说中"行者"布伦丹曾寻觅过预言中提到的那片土地。9 世纪初，布伦丹四处游历的传说开始出现在各种书中，一时间仅拉丁文手稿便有各不相同的 120 多份，除此之外还有用爱尔兰语、弗莱芒语、加泰罗尼亚语、德语、法语、挪威语和盎格鲁－诺曼语写成的版本。

1235 年，下萨克森州埃布斯托夫一座本笃会修道院的祭坛画上的世界地图中，第一次收录了布伦丹游历的小岛们。地图呈圆形，图上河流、城市、海洋、动物与《圣经》中描绘的图景交织在一起，如同一座巨大的迷宫，耶路撒冷位于迷宫的中心，在地图的边缘有一座小岛，岛的旁边写着这样的文字："失落之岛，此岛为圣布伦丹所发现，此后再无人觅得其踪迹。"图上还标出了阿特拉斯山脉与大西洋的交界处，与今天加那利群岛的位置相近。相传这幅地图的绘制者是埃布斯托夫修道院的院长格尔瓦休斯·冯·提尔博里（Gervasius von Tilbury）。

除了这张地图，提尔博里还主持编写了大纲性质的《奇迹之书》（*Otia Imperialia*）一书，书中的信息主要来自雷根斯堡的荷诺里（Honorius）于 1100 年前后编写的地理百科全书《世界之像》（*De Imagine Mundi*）。荷诺里在书中描绘了戈耳工岛、赫斯珀里得斯园、佩尔蒂塔岛和失落之岛等地。传说中称，人们想找到佩尔蒂塔岛只能靠偶遇，而非有目的性的搜索。这一人间天堂"比周围所有地方都更为可爱，岛上的一切植物都在盛开"，荷诺里这样写道。

14 世纪初，随着欧洲人开始在加那利群岛上定居，这片岛屿也不复先前的神秘。在安杰利诺·杜切尔特绘于 1339 年的地图上，圣布伦丹群岛的位置向西北方向移动了一些，统称为圣布伦丹群岛的三座岛屿分别名叫加那利亚岛（Canaria）、卡普拉拉岛（Insula de Caprara）和科瑞马里斯岛（Coruimaris），大约位于今天的马德拉群岛附近。在后世的地图上，圣布伦丹群岛不断向西移动，直至地图上已知世界的边缘。

后来的人们一次次地从西非出发寻找这座岛屿，仅是自称目睹过这座岛屿的人，名字写下来便有一长串。1759 年，一名圣方济会修士在一封信中称，他长久以来一直希望能够得见圣布伦丹岛的真容。这位修士称自己 5 月 3 日早上 6 点在拉帕尔马岛上眺望海面，不仅看见了万里晴空下的耶罗岛，还在远处的海面上看到了另一座岛屿，从望远镜中看去，这座岛的中心长有许多树木。大约有 40 名目击者称自己在当天早上的前后一个半小时之内见过这座岛屿，然而到了下午它却消失了。

加那利群岛间强劲的洋流使得这个谜团在人们眼中更加扑朔迷离了。1772 年，编年史作家比埃拉 – 克拉维霍（Viera y Clavijo）在他的《新闻》（Noticias）一书中提到了一位率船队自美国返航的船长，这位来自加那利群岛的船长"先是确信自己看到了拉帕尔马岛，而后转向朝着特内里费岛驶去，第二天一早，当他看到真正的拉帕尔马岛出现在自己面前时，不禁大吃一惊"。唐罗伯托·德里瓦斯（Don Roberto de Rivas）上校的日记中也有类似的叙述。在前一天的下午，德里瓦斯上校已经驾船行驶到了距离拉帕尔马岛非常近的位置了，但直到第二天晚上才真正抵达。他断定，是风和洋流让他在晚上绕了不少弯路。

随着美洲的发现，圣布伦丹群岛迅速地"移动"到了大西洋的最西侧，而在这么长的一段时间里，它仅在一张地图上出现过。早在 16 世纪，亚伯拉罕·奥特柳斯便将圣布伦丹群岛标注在了离纽芬兰海岸不远的位置，另一座幻想岛屿弗里斯兰岛位于它的东南侧。19 世纪时，这座岛屿被认为是纽芬兰博纳维斯塔湾一组群岛中的一座，1884 年改称为考特尔岛。此时距离布伦丹远航已经过去了 13 个世纪。

小知识

1976 年，文化学者蒂莫西·塞韦林（Timothy Severin）亲自对布伦丹的远航进行了重现。塞韦林带着四个旅伴，驾着和布伦丹当年所乘的那种公牛皮小舟成功横跨了大西洋。通过这一行动，塞韦林希望能够证明布伦丹当年极有可能一路航行到了美洲大陆。假如他的假设是正确的，那么布伦丹，这位爱尔兰神父，将是比维京人还早 400 年抵达新大陆的人。

「南大西洋」
萨克森堡岛
SAXEMBERG

又名萨克森伯格岛（Saxemburgh）

位置：南纬 30 度 45 分，西经 19 度 40 分

大小：长 19 千米，宽 4 千米

发现时间：1670 年，1801 年，1816 年

出现地图：不详

SAXEMBERG · SÜDLICHER ATLANTIK

1801年秋天,马修·弗林德斯(Matthew Flinders)驾船前往好望角。"东南偏南方向吹来的季风又强劲了不少,有了它的帮助,我们一天可以行驶80海里到90海里。"他于1801年9月29日星期二在航海日志中这样写道。海上的风最终由东北风转为西风,在29日这一天,弗林德斯驾驶的船抵达了位于萨克森堡岛西侧的一片海域,他们的帆船与这座常常和前往东印度的水手不期而遇的小岛相隔6度(经度)。不过,并非所有船只都能途经这座岛。弗林德斯猜测这是因为萨克森堡岛的实际位置要比地图上更往东几度。弗林德斯心想,既然已经到了这里,不探寻一番这座岛的真面目颇为可惜,于是便决定继续向东航行。

1670年,荷兰航海家约翰·林德茨·林德曼(John Lindestz Lindeman)第一次在海上见到了这座岛屿。林德曼将这座岛屿的坐标定为南纬30度45分、西经19度40分。除此之外,他还为这座岛绘制了一张图,从图上来看,萨克森堡岛几乎是一马平川,只有岛的中间坐落着一座高耸的山峰。"萨克森堡"这个名字极有可能是林德曼从德国北部的某个地方借来的。

周三(1801年9月30日),弗林德斯在海上看到了数量多得异乎寻常的条斑马鲛,不计其数的海燕在空中翱翔,其中还有一只像海鸥那样的棕色海鸟,腹部呈白色,大小与山鹬差不多。夜幕降临,甲板上的水手和瞭望员都说自己在水中看见了一只海龟。一切的征兆都指向陆地的存在，弗林德斯希望失落已久的萨克森堡岛很快便能够出现在自己面前。

终于，到了周四，也就是10月1日，弗林德斯抵达了南纬30度34分与西经20度28分的交汇点。他下令转向东南偏东方向航行，以使得航线能够直接抵达萨克森堡岛。船向南行了几英里，"然而我们已经离记录中小岛的位置足够近了，却发现这座岛屿并不存在，这一点毋庸置疑"。

10年后，马修·弗林德斯听说有一名水手朗在不久前亲眼看到了萨克森堡岛。这位朗先生是驳船"哥伦布"号上的指挥官，自巴西出发前往非洲。1809年9月22日，朗在他的航海日志中写道："17时，于东南偏东方向见萨克森堡岛，天气晴朗，第一次观测时距离41里格。估计该岛坐标为南纬30度18分、西经28度20分。"他靠近观察了这座岛，约4里格长，2.5英里宽。岛的西北端海岸陡峭，远处有树和沙滩。

尽管弗林德斯此前曾对萨克森堡岛的存在有过怀疑，但听了这番描述后，他再次坚信这座岛的存在。弗林德斯认为，这座岛的方位在海图中标得实在是不准确，以至于他在1801年9月28日早上把船开到了朗先生发现萨克森堡岛目击地的80英里开外，因此他与这座岛擦肩而过也就不足为奇了。

与朗先生的叙述几乎同一时间，来自美国的加洛韦（Galloway）船长也称在自己的"范妮"号上看到了萨克森堡岛。当时"范妮"号已经和预定的航线偏离了55千米，而船上的人有整整6个小时都可以看到这座岛。正如林德曼所描述的那样，岛的中间高高隆起，形成一座山峰。

"真不列颠人"号的 J.O. 黑德（J. O. Head）船长再次证实了萨克森堡岛真实存在。"8 点钟，海上刮起西北方向的微风，天色昏暗，阴霾笼罩。见一小岛。"他在 1816 年 3 月 9 日的航海日志中这样写道。这座小岛的南端最高，有一座山峰，地势由南向北逐渐变得平缓。这座岛在黑德船长的视野中停留了 6 个小时。下雨了，岛的轮廓消失在海面上。尽管如此，黑德船长仍然坚信他看到的就是萨克森堡岛。

尽管林德曼的描述和黑德的描述完全一致，各位目击者提供的坐标信息也几乎重合，但自此之后再也没有人见到过这座传说中的萨克森堡岛。

「南冰洋」
未知的南部大陆
TERRA AUSTRALIS INCOGNITA

位置：南半球

大小：比亚洲大

发现时间：1503—1504年（亚美利哥·韦斯普奇），1605年（佩德罗·德基罗斯），1739年（让-巴蒂斯特·布韦·德洛齐耶）

出现地图：约翰内斯·舍纳（1515年）

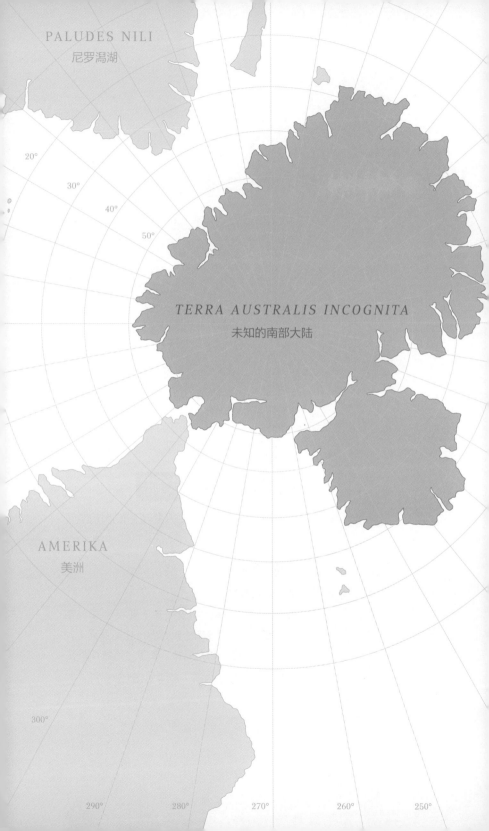

TERRA AUSTRALIS INCOGNITA · SÜDLICHE MEERE

这里的人们用弓箭狩猎，捕杀狮子、豹子和海狸，而后剥下它们的毛皮，制成抵御严寒和狂风的衣物。他们挥舞石斧，播种豆子一般大的奇妙种子，结出的果实像胡椒一样辛辣。有着毛茸茸脚丫的鸟类在这片大陆的草原上闲庭信步，参天密林遍布四周，冰川高耸入云。这里的山中有一个以挖掘金银铜矿为生的民族，他们并不认识铁，因此他们的挖矿工具全是用纯金打造的。"这里的人们通常都能活到140岁。"来自纽伦堡的神父兼地理学家约翰内斯·舍纳（Johannes Schöner）这样写道，并称葡萄牙国王正派人试图寻找这座岛屿。

1515年，舍纳的地球仪上第一次出现了上面所描述的这片大陆。这片大陆位于南极，呈巨大的环形，正中有一片海，多条河流贯穿全境，沼泽星罗棋布，还有名为Laco in montaras与Palus的两座湖泊。舍纳认为，这座岛屿可以算是一片独立的大陆，并用大写字母标注了它的名称：BRASILE REGIO。舍纳对这片大陆的了解主要来自前一年出版的《巴西新报复件汇编》（Copia der newen Zeytung aus Pressilg Land），其他的信息则来自自称曾沿着这片大陆的海岸线航行了20英里的亚美利哥·韦斯普奇留下的记录。

早在古希腊罗马时期，人们便推测存在这样一片南部大陆。公元150年，克劳狄乌斯·托勒密（Claudius Ptolemäus）便猜测，这片大陆南临印度洋，与非洲相连，它的存在平衡了北半球大陆的重量。托勒密认为，为了使地球不至于失去平衡，所有大陆应该在地球表面均匀分布。他在《地理学指南》（*Geographike Hyphegesis*）一书中提到了"南部大陆"（Terra Australis）这一概念，并认为我们生活的这片大陆在东面和南面分别与一片我们尚不熟悉的大陆相连，东面那片大陆限制了大亚细亚东面海上的洋流，而南面那片大陆则补全了印度洋的轮廓。根据他的理论，在印度洋以南必然还存在着一片大陆。

中世纪的基督教思想家们全盘接受了托勒密的观点：上帝的造物是完美的，因此地球上的各个大陆必然在位置分布上处于完美的平衡。南方大陆不断出现在各种地图上。到了16世纪末，这片"未知的南部大陆"（Terra Australis Incognita）在地图下方占据了更大的位置。

1567年，航海者阿尔瓦罗·德门达尼亚（Alvaro de Mendaña）对太平洋进行了一番探索，在美拉尼西亚看到了这片南部大陆伸出的"前哨"。后来的冒险家佩德罗·德基罗斯（Pedro de Quirós）坚信，南部大陆一直从新几内亚延伸至南美洲，面积约为亚洲和欧洲的总和。1605年，他在瓦努阿图群岛中最大的圣埃斯皮里图岛上建立了教区，并希望能从这南部大陆的最远端开始，让这片荒蛮之地皈依基督教。很快，传教活动就变成了暴力掠夺。

18世纪时，人们依然可以在地图上找到南部大陆的踪影。1739年，让-巴蒂斯特·夏尔·布韦·德洛齐耶在南大西洋上发现了布韦岛，并将其认作南部大陆的遥远组成部分。

"七年战争"（1756年至1763年）结束之后，英国获得了海上的霸权。詹姆斯·库克受托出海，对这片大陆进行搜寻："我们有理由相信，在我们航线以南存在着一片幅员辽阔的陆地。"库克分两次对太平洋的大片海域进行了巡航，1775年，他记录称："将近两个世纪以来，这片大陆吸引了各大海上强国与不同时代的地理学家的注意力，而今天，我们对它的搜索结束了。"

「大西洋」
魔鬼岛
TEUFELSINSEL

又名撒旦内兹岛（Satanazes）、撒旦岛（Satanzes）、群鬼岛（Isla de los Demonios）

位置：亚速尔群岛以西，格陵兰岛附近，靠近北美洲海岸

大小：与瑞士相近，在后世记录中不断缩小

发现时间：不详

出现地图：祖阿尼·皮兹加诺（1424年），约翰内斯·勒伊斯（1508年）

TEUFELSINSEL · ATLANTIK

　　早在古老的北欧传说中，魔鬼岛便已粉墨登场。传说中会有一只巨大的手伸出海面，掠走各路船只；还有的传说提到了一种巨型怪物，住在陡峭岸边的它们会发出一种令人毛骨悚然的声音。克里斯托弗·哥伦布也提到过一些奇怪的人形生物，有独眼的男人，还有长着狗一样嘴巴能吃人的人，当然哥伦布并没有亲眼见到他们，只是道听途说。1608年，亨利·哈得孙（Henry Hudson）在北极发现的美人鱼更是有力地证实了这些传说的真实性。哈得孙发现的这条人鱼有着女人的背部和胸部，身体大小与人类相似，却有着惨白的皮肤。

　　魔鬼岛最早在地图上离欧洲海岸很近。1424年，祖阿尼·皮兹加诺在其地图中西班牙西面的大西洋上画了一座四边形的蓝色小岛，旁边用红色印刷体标注着："此岛名为魔鬼岛。"这座邪恶之岛恰好与善良的天主教圣地安提利亚岛形成了鲜明的对比。

　　如魔鬼一般，16世纪记载中的撒旦内兹岛不断变换着形状、名字和位置。1508年，天文学家兼地理学家约翰内斯·勒伊斯在他的地图中将"群鬼岛"画成了杏仁形状的两座岛屿，位于当时尚不为人所熟知的纽芬兰附近。也许他曾出海航行至此地。在地图上这两座岛的旁边，他仿佛亲眼见过一般地写道："行近此岛的船只皆为魔鬼所掠。"也许那不过是盘旋飞行的海鸟？

　　法国的航海者也传言，在纽芬兰附近有一座魔鬼之岛，声称听到了像是人类发出的含混不清的咆哮声的他们坚信，这是魔鬼们在争论谁该第一个去折磨人类。岛上的这些魔鬼袭击来往的每艘船，绝不放过任何一个胆敢踏足这座岛的冒失鬼。

16世纪中叶，在巴黎的沙龙中也流传着一个诡异的故事。贵族夫人玛格丽特·德拉罗克·德罗贝瓦尔（Marguerite de La Rocque de Roberval）小时候曾随叔叔西厄尔·德罗贝瓦尔（Sieur de Roberval）出海前往美国。德罗贝瓦尔受法国王室之托前往新世界，目的是在那里建成第一块法国殖民地。玛格丽特在途中爱上了船上的一名水手，因为这段恋情，她与她的爱人及一名保姆被放逐到了一座荒凉的小岛上。一到夜幕降临，小岛上空便会有恶魔来回盘旋。玛格丽特的爱人和保姆都死在了那座小岛上，只有她本人被路过的船只所救，平安回到了法国。

随着时间的推移，魔鬼岛渐渐从地图上消失了。1763年，法国植物学家让-巴蒂斯特·蒂博·德尚瓦隆（Jean-Baptiste Thibault de Chanvalon）在出海前往南美洲的途中发现了一座离南美洲海岸不远的陌生小岛，他将其命名为恶魔岛（Île du Diable）。德尚瓦隆没有想到的是，这座岛日后会变成一座海上监狱。对著名的罪犯阿尔弗雷德·德雷富斯（Alfred Dreyfus）来说，恶魔岛无疑就是人间地狱：1895年4月13日，德雷富斯被流放到这座岩石遍布的小岛上。他被判犯有叛国罪，被剥夺了作为炮兵职业军官的军衔，要在这座岛上度过四年。这四年中，他只能住在一个4平方米大小的小屋里，不得与看守说话，法国政府担心他会越狱逃跑，因而每到晚上就将他绑在床上，使他不得随意活动，又在小屋四周修起1米高的栅栏。德雷富斯在这座岛上消瘦了不少，还多次饱受发烧的折磨，直到多年之后政府才正式为他平反，无罪的德雷富斯在恶魔岛上白白蹲了四年冤狱。

「大西洋」
图勒岛
THULE

又名提勒岛（Tile）、图利岛（Tuli）、泰尔岛（Tyle）

位置：北纬 63 度
大小：不详
发现时间：公元前 330 年前后
出现地图：《北方各国海图》（1539 年）

THULE · ATLANTIK

　　1539年，瑞典神父奥洛斯·马格努斯（Olaus Magnus）出版了《北方各国海图》（Carta Marina），这本地图十分详细而准确地描绘了北欧的地理情况。为了完成这幅巨作，马格努斯花了整整12年。地图上，无论是北方的巴伦支海、西面的格陵兰岛，还是东面的俄罗斯，都被勾勒得清楚明了且色彩鲜艳，通过这本地图，欧洲人对自己生活的这片大陆有了前所未有的清晰认识。海上的帆船标记着浴场、商贸航线或是巨大的漩涡，海中生活着儒艮、巨鳌虾和毒蛇等奇异的生物。峡湾勾勒出挪威壮阔的海岸线，而在苏格兰和冰岛之间则有一座名叫提勒岛的小岛，岛上有村庄、城堡、树林和草地。在提勒岛旁边的海面上还画着一条被虎鲸咬住的鲸鱼。

　　这本地图，马格努斯参考的是1200多年前古希腊学者托勒密所收集编纂的地理数据。在托勒密生活的时代，罗马帝国的实力已强大到令人不可小觑的地步，因此托勒密在公元150年前后开始对7000个村庄的方位进行统计和整理。他的数据主要来自罗马军队和亚历山大大帝军队的测量队所留下的记录。通过参考太阳的高度，托勒密可以将这些坐标的误差控制在10千米之内。他将这些方位坐标记录在了《地理学指南》中。根据他的记载，图勒岛的中心位于北纬63度，根据他所听到的描述，图勒岛北方还住着斯基泰人。除此之外，关于这座岛的记载中，还提到罗马人在驾船经过不列颠群岛时曾经看到过这座岛。也许托勒密书中提到的图勒岛实际上是设得兰群岛中的一座。

早在希腊罗马时期,图勒岛便是一座传奇之岛。天文学家皮西亚斯在他的游记中第一次提到了这座岛屿。公元前330年,皮西亚斯踏上了前往北欧的探索之旅。他从他的家乡、希腊的殖民地马萨利亚(今法国马赛)出发,先是坐帆船航行至不列颠群岛,而后乘坐皮艇抵达爱尔兰,还游历过奥克尼群岛和设得兰群岛。皮西亚斯在冒险途中对地理数据进行了格外详细的记录,研究了地轴的倾斜,还通过观察发现了潮汐与月球之间存在关系。这位天才的自然科学家一路乘船驶向了更远的地方。在远离不列颠群岛的世界边缘,他发现了一座岛,并将其称为最后的图勒岛(Ultima Thule)。

令人遗憾的是,他的游记《跨越重洋》(*Über den Ozean*)如今已下落不明,只有在斯特拉博(Strabo)的《地理学》(*Geographie*)、老普林尼的《自然史》(*Naturgeschichte*)和戈米诺斯(Geminos)的《自然现象介绍》(*Eisagoge*)等后世作品中能看到他的只言片语:"此地附近夜晚极短。"

根据希腊罗马时期自然学家的说法,从不列颠群岛出发向北航行六天便可抵达图勒岛。这一估计听起来颇为含糊,实际上却是非常准确的距离描述:船只在地中海一天的航程为156.5千米,六天则可以航行大约940千米,而这一距离并不会因为风力强弱而有所变化。

也许皮西亚斯从不列颠群岛出发后抵达了冰岛。一篇希腊罗马时期的记载称图勒岛上的夜晚只有两三个小时,而夏至日前后冰岛南部的夜长为三个小时,北部则为两个小时。游记中还说，从图勒岛出发再航行一天便可抵达一片"冰封的海洋"，而这片所谓的冰封之海可能是大而多的浮冰，这一说法也与冰岛的情况相符。

然而皮西亚斯坚称，他在这座岛上见到了忙着种植庄稼、采集蜂蜜的人，而冰岛在那个时代尚无人定居。但在描述他远航的其他文献中并没有提及火山和间歇泉的存在。

假如皮西亚斯并非自不列颠群岛出发笔直地向北航行，而是偏向了东北方向，那他便有可能抵达了挪威。当时在斯默拉岛和特隆赫姆峡湾附近的确有人在村庄里聚居，从事着农业生产。峡湾里广泛分布着肥沃的黏土，温暖的北大西洋暖流让这里的气候温和湿润，适宜农业发展。

和冰岛一样，斯默拉岛和特隆赫姆峡湾夏天的白昼也非常长。皮西亚斯只需要沿着海岸线再向北航行几千米，便可以到达夜晚只有三个小时的那片区域。这样说来，皮西亚斯或许是第一个目睹极昼的南欧人。

然而这些古代作家只提到了皮西亚斯看到了河流，并没有提及峡湾的存在。更重要的是，在挪威附近并不可能有"冰封之海"：无论是在今时今日，还是在这些作家所生活的那个时代，斯默拉岛附近都不可能有来自北极的浮冰浩浩荡荡地漂入大西洋。和许多文学作品一样，关于"冰封之海"的描述，实际上不过是一种文学的再加工，只是为了让这个故事看起来更加丰富多彩，引人浮想联翩，奥洛斯·马格努斯在地图上对海怪和巨型螃蟹煞有介事的描述，大约有异曲同工之妙吧。

「太平洋」
图阿纳基岛
TUANAKI

又名图阿纳何岛（Tuanahe）、海美特岩（Haymet-Felsen）

位置：南纬 27 度 11 分，西经 160 度 13 分

大小：不详

发现时间：1842 年，1863 年，1874 年，1877 年

出现地图：不详

TUANAKI · PAZIFIK

1863 年，J.E. 海美特（J. E. Haymet）船长驾着他的多桅帆船"威尔·沃奇"号自新西兰出发前往库克群岛。忽然，船在海上撞上了一块岩石。正当海美特检查受损的船体时，他看到南方更远处有一块凸出海面的岩石——那里的海深不足 2 米。他将这片浅滩的坐标定为南纬 27 度 11 分、西经 160 度 13 分。很快人们便开始猜测，那些凸出海面的石崖可能是传说中的图阿纳基岛留下的遗迹。

长久以来，库克群岛上的原住民中便流传着关于图阿纳基岛的传说。传说中图阿纳基岛由三座平坦的小岛组成，周围有高高的山崖拱卫。乘独木舟从拉罗汤加岛出发，向西南方向划上两天便可抵达。

1843 年 6 月，威廉·吉尔（William Gill）神父和一名原住民一起踏上了寻找图阿纳基岛的旅程。途中他们路过了痢疾肆虐的艾图塔基岛，岛上已有 30 人染病去世了。在那里，他们认识了一个名叫索玛的男人，他向他们描述了图阿纳基岛。两年前，他和一艘大船的船长一起驾小舟抵达了那座岛。船长命令他拿着剑走在前面，寻找原住民的踪影。最终，他在酋长的住处前停下了脚步。

小屋中传出酋长的声音："你们从哪里来？是从阿劳拉岛（艾图塔基岛的旧称）来吗？"索玛走了进去，屋里坐着几个男人，他们想知道和索玛同来的船长现在在哪里。男人们告诉索玛，即便是异乡人也不必在此地心怀恐惧，因为他们只会舞蹈而不会作战。索玛接来了船长。船长为酋长准备了包括一把斧子和一顶帽子在内的许多礼物。夜幕降临，岛上的人往大船上送了鸡、猪、薯蓣、香蕉、芋头和椰子，装了满满一船。索玛和船长在那座岛上停留了六天。

吉尔神父静静地听着索玛的讲述，希望能多了解岛上居民的情况。"他们和我们一样。"索玛说，"他们服从酋长的领导，给酋长上贡食物。"图阿纳基岛上的人说着和索玛一样的语言，穿着一样的斗篷。从艾图塔基岛出发只需不到一夜便可抵达图阿纳基岛，但索玛却说什么也不愿意随吉尔等人一同前往，哪怕能获得报酬也不愿意：他的一个姐姐正被病魔折磨得奄奄一息，而他另一个姐姐已经不幸去世了。

吉尔神父暂时放弃了寻找图阿纳基岛的计划。次年，有消息称图阿纳基岛和传说中的亚特兰蒂斯岛一样，在一场火山爆发中沉没了，岛上只有少数人得以幸存，而海美特岩极有可能是图阿纳基岛留存下来的一部分，人们于1863年第一次发现它还是因为一艘船险些在它上面撞得粉身碎骨。图阿纳基岛的残骸像两座孤零零的巨塔耸立在海面之上，而后又消失了。

「北冰洋」
威洛比地岛
WILLOUGHBY'S LAND

位置：北纬 72 度
大小：不详
发现时间：1553 年
出现地图：彼得鲁斯·普朗修斯（1594 年）

WILLOUGHBY'S LAND · ARKTISCHER OZEAN

　　1554年春,气温回暖,海面解冻,俄国渔民们驾船前往他们位于北海岸边的渔场。这里一向很冷清,除了他们,向来没有人会涉足此地,但这次,在一条河流的入海口却停着两艘诡异的船。这两艘船比渔民们自己的渔船大得多,船上没有青烟升起,甲板上也看不见一个人影。渔民们对着大船呼喊,但没人回应,船上一片寂静。爬上大船的渔民们在破门而入后不禁呆在了原地:船上的铺位上躺满了冻僵的士兵、水手和商人。

　　渔民们在其中一艘船上找到了一个笔记本,而后将它转交给了当地的行政长官。英国的极地研究者休·威洛比(Hugh Willoughby)是它的主人,他在这个笔记本中完整叙述了"好望"号和"诚信"号的遭遇。

　　就在不到一年前的1553年5月,威洛比随"好望"号、"诚信"号与"幸运爱德华"号三艘船一起自伦敦出海航行。和当时的许多地理学家一样,威洛比相信一定存在一条可以途经北极抵达东亚的航线。他向他的赞助人许诺了发现这条航线所能带来的巨大收益:尚未被发现的地区,更大的统治范围,最重要的是一条通向中国的商贸捷径。几百人聚集在泰晤士河岸边的码头上挥手目送船队驶出入海口,国王爱德华六世更是站在高塔上亲自向船队致意。这三艘船还配备了越冬的装备,但船员们希望能够在冬天到来之前完成任务。

　　威洛比曾在边境线上与苏格兰人作战,是一名身经百战的战士，但对于航海他却知之甚少。航行过程中，一切事务由三位船长全权负责。三位船长下令每天早上必须祈祷，严禁在船上掷骰子赌博，并警告水手们要当心美人鱼。起航后的第一周，船队向着挪威的方向驶去，并沿着海岸线一路向北。8月初，船队在罗弗敦群岛附近遭遇风暴走散了。"幸运爱德华"号独自驶向了挪威东北部的一座小岛，按照事先计划好的那样，在那里等待与另外两艘船会合。

在等待了一周之后，"幸运爱德华"号决定继续旅程。理查德·钱塞勒（Richard Chancellor）船长驾船途经科拉半岛后驶入白海，先是在一片陌生水域中来回航行了几天，而后抵达了位于圣尼古拉斯海湾（今阿尔汉格尔斯克附近）中的一座海港。钱塞勒船长与几名手下一起被护送到了莫斯科，在克里姆林宫受到了有"伊凡雷帝"之称的沙皇伊凡四世的亲切接见。船员们与沙皇一起为发现这条俄英之间的贸易通道而庆祝。

与此同时，"好望"号和"诚信"号则在科拉半岛上一个靠近今天摩尔曼斯克的海湾中抛锚停泊了。他们先前曾抵达了约定好的会合点，但那时钱塞勒已经带着"幸运爱德华"号出发了。两艘船在会合点等待了好几天，在后续的航程中又耽误了不少时间。"出发后的第14天一早，我们发现了陆地。我们放下小船，希望探明这到底是哪片陆地，但我们并没能成功上岸。"威洛比在笔记中这样写道。至于为什么没能上岸，他并没有详细说明，也许是因为岸边的水太浅又长满了海草。陆地上看不到房屋，也看不见人。这片陆地坐落在北纬72度，位于挪威北部的海域中。

威洛比和他的62名同伴成为第一批在北极圈内过冬

的欧洲人。他们在北极圈内看见了熊、狐狸、成群的驯鹿和数量惊人的鱼。天气日渐寒冷,他们向各个方向派出"侦查小队"寻找村庄,却一无所获。威洛比的笔记就在侦查小队返回之后戛然而止了。对船员们而言,极地的严寒正是使他们丧命的诱因:他们紧闭舱门,烧煤取暖,最终全部死于烟雾中毒。

直到第二年春天,这些人的尸体才被俄国渔民发现。这一惨剧震惊了整个英国,为了纪念威洛比,人们将他发现的那座岛命名为威洛比地岛,尽管并没有人知道它的确切位置。

惨剧发生的40年后,荷兰地理学家彼得鲁斯·普朗修斯(Petrus Plancius)在他1594年绘制的北极地图中画上了威洛比地岛。普朗修斯认为威洛比地岛坐落在巴伦支海中,但他在补充解释中说自己并不相信这座岛的存在,他将威洛比地岛添在地图中只是因为他不想被人指责这幅地图不完整。

1610年7月,亨利·哈得孙的极地探索之旅并没有发现这座岛,英国人不得不承认威洛比发现的并不是一座新岛,而极有可能只是看到了熊岛或是斯匹次卑尔根群岛。尽管如此,休·威洛比依然是英国人心目中的民族英雄。

关于地图

本书中所有关于幻想岛屿的地图均以历史上的真实地图为蓝本,为本书特意翻绘而成。本书汇集了绘图学界的大家名作,以万花筒般的形式展现了前后 600 年的绘图史。正因如此,有些地图上岛屿周围的地理分布与当今人们所认知的有所不同,而岛屿和大陆之间的相对位置也略有出入。

除了各地的相对地理位置,地图中的经纬度也有可能并非今天大家印象中划分地球的方式:现行的经纬度实际上是直到 1884 年在华盛顿召开的国际子午线会议上才被确定下来。

鉴于以上种种原因,本书中的地图也和这些岛屿本身一样,与现实往往并不完全重合,但恰恰是这种不准确才体现了古往今来各个时代人类丰富而无限的想象力。

关于研究

　　这本关于幻想岛屿的百科全书并不是一本严谨的学术著作，也并非无所不包。实际上仅是寻找文献出处便非常困难：时至今日，即便是包括作者在参考资料列表中列出的唐纳德·约翰逊、亨利·施托梅尔（Henry Stommel）和雷蒙德·H.拉姆塞（Raymond H. Ramsey）的著作在内，流传于世且可供参考的二级文献也寥寥无几，而它们中的大部分又着重探讨了大西洋上区区几座岛屿的传说。假如仅仅依靠市立图书馆和大学图书馆的支援，这本书是绝不可能完成的。幸运的是，如今我们可以通过互联网接触到一大批有着几百年历史的原始文献，在这些虚拟的专业图书馆里，即便我们找不到当年航海者的航海日志，起码可以觅得引用了这些航海日志的学术性文章。当然，并不是每一次都能准确地对原始记载出版的时间和地点进行确认，也不是每一篇学术文章中都会标注出引文的出处，本书中有些引文甚至是第一次被翻译为另一种语言。因此，参考资料将只对对词条编写帮助较大的书目与作者进行摘录。

参考资料

安提利亚岛

Paolo dal Pozzo Toscanelli: *Brief an Fernando Martinez*(25. Juni 1474)

亚特兰蒂斯岛

Platon: *Kritias* und *Timaios* (4. Jahrhundert v. Chr.)
Athanasius Kircher: *Mundus Subterraneus* (1664—1678)

奥罗拉群岛

Amerigo Vespucci: *Lettera* (1505)
James Weddell: *Voyage towards the South Pole* (1827)
Auszug in Henry Stommel: *Lost Islands* (University of British Columbia Press, Vancouver 1984)
Edgar Allan Poe: *Die denkwürdigen Erlebnisse des Arthur Gordon Pym* (mareverlag, Hamburg 2008)

波罗的亚岛

Plinius: *Über den Ozean* (4. Jahrhundert v. Chr.)
Diodor von Sizilien: *Diodori Siculi Bibliotheca historica* (um 60)
Plinius der Ältere: *Naturgeschichte* (circa 77)
Werke erwähnt in: August Friedrich Pauly: *Real-Encyclopädie der class. Alterthumswissenschaften in alphabetischer Ordnung*: Band 3 (Metzler, Stuttgart 1992)

贝尔梅哈岛

Alonso de Chaves: *Spiegel der Seefahrer* (1536); zitiert nach: Carlos Contreras Servín: *La cartografía como testimonio de la identidad territorial de las culturas prehispánicas* (2009)

布韦群岛

Carl Chun: *Aus den Tiefen des Weltmeeres* (1900)

巴斯岛

Thomas Wiars' Bericht. In: Richard Hakluyts': *Principal Navigations, Voyages, and Discoveries of the English Nation* (1589)

Donald Johnson: *Fata Morgana der Meere* (Diana Verlag, München 1999)

拜尔斯 – 莫雷尔岛

Benjamin Morrell: *A Narrative of Four Voyages* (1832); zitiert in Henry Stommel: *Lost Islands* (University of British Columbia Press, Vancouver 1984)

克罗克地岛

Donald Baxter MacMillan: *In Search of a New Land.* In: *Harper's Magazine* (Oktober / November 1915)

ders.: *Four Years in the White North* (1918)

弗里斯兰岛

Nicolò Zeno der Jüngere: *De I Commentarii del Viaggo* (1558); zitiert in Donald S. Johnson: *Fata Morgana der Meere* (Diana Verlag, Zürich 1994)

哈姆斯沃思岛

Arthur Koestler: *Pfeil ins Blaue*. (Verlag Kurt Desch, München 1952)

Lincoln Ellsworth und Edward H. Smith: *Report of the Preliminary Results of the Aeroarctic Expedition with Graf Zeppelin* (1931)
In: *Geographical Review*, Vol. 22, No. 1. ,pp. 61—82 (Januar 1932)

Frederick George Jackson: *A Thousand Days in the Arctic* (1899)

胡安·德里斯本岛

Moritz Benjowski: *Reisen durch Sibirien und Kamtschatka über Japan und China nach Europa: Nebst einem Auszuge seiner übrigen Lebensgeschichte* (1790)
The Guardian (1. April 1977)

加利福尼亚岛

Garci Rodríguez de Montalvo: *Die Heldentaten Esplandíans* (1510)

Francisco Preciado: *Relacion de los descubrimientos, hechos por Don Francisco de Ulloa en un viage por la Mar del Morte, en el navio Santa Agueda* 1556; auf Englisch in James Burneys *History of the Discoveries in the South Sea* (Cambridge University Press, Cambridge 2010).

康提亚岛

Volkmar Billig: *Inseln. Geschichte einer Faszination* (Matthes & Seitz, Berlin 2010)

Axel Bojanowski: *Ein Traum von einer Insel* (*Süddeutsche Zeitung*, 17. Mai 2010)

Axel Bojanowski: *Inseln der Fantasie* (*Der Standard*, 25. August 2009)

Axel Bojanowski: *Kartenmysterium vor Australien* (*Spiegel Online*, 22. November 2012)

Axel Bojanowski: *Nach zwei Tagen Regen folgt Montag und andere rätselhafte Phänomene des Planeten Erde* (DVA, München 2012)

Rainer Godel und Gideon Stiening (Hrsg.): *Klopffechtereien –Missverständnisse–Widersprüche? Methodische und methodologische Perspektiven auf die Kant-Forster-Kontroverse.* In: *Laboratorium Aufklärung*, Bd. 10 (Wilhelm Fink Verlag, Paderborn 2011)

Sebastian Hermann: *Die fliegende Katze.1000 Kuriositäten aus dem Alltag* (Knaur, München 2010)
Samuel Herzog: *Die Wilden scheinen wohl gesonnen– Unterwegs in einer fiktionalen Meereslandschaft* (Neue Zürcher Zeitung, 22. Mai 2004)
Ulli Kulke: *Wie Inseln plötzlich von den Karten verschwinden* (zeitgleich: *Die Welt, Hamburger Abendblatt* und *Berliner Morgenpost*, 7. Dezember 2012)
Stefan Nink: *Meer in Sicht! Island Fantasies* (*Lufthansa Magazin*, August 2012)

基南地岛
Marcus Baker: *An Undiscovered Island off the Northern Coast of Alaska* (National Geographic Magazine 5, 1894)

高丽岛
Jan Huygen van Linschoten: *Reisgheschrift van de Navigatien der Portugaloysers in Orienten* (1595)
Itinerario, voyage ofte schipvaert van J.H. van Linschoten naar Oost ofte Portugaels Indien (1596)
Zitate finden sich in: John R. Short: *Korea: A Cartographic History* (University of Chicago Press, Chicago 2012)
Henry G. L. Savenije: *Korea in Western Cartography*

玛丽亚·特蕾莎礁
Jules Verne: *Die Kinder des Kapitän Grant* (A. Hartleben's Verlag, Wien/ Pest/ Leipzig 1875)
Bernhard Krauth: Recherche auf der Internetseite von Andreas Fehrmann: j-verne.de (Stand Juni 2016)

新南格陵兰岛
Benjamin Morrell: *A Narrative of Four Voyages: To the South Sea,North and South Pacific Ocean* (1832)
Sir Ernest Shackleton: *South: The Endurance Expedition* (1920)
Wilhelm Filchner, Alfred Kling, Erich Przybyllok:*Zum sechsten Erdteil – Die Zweite Deutsche Südpolar-Expedition* (Berlin, Ullstein 1922)

佩皮斯岛
William Hacke: *Collection of Original Voyages* (1699)

费利波岛与蓬查特兰岛
Vertrag: *Frieden von Paris* (3. September 1783)
J. P. D. Dunbabin: *Motives for Mapping the Great Lakes:Upper Canada, 1782—1827. Michigan Historical Review*,Vol. 31, No. 1, pp. 1—43 (Spring 2005)

黑岩岛
Mercator: *Brief an John Dee* (20. April 1577); zitiert nach Imago Mundi, Vol. 13, Imago Mundi, Ltd. (1956)
Anonymus: *Inventio Fortunata* (vermutlich um 1364);

siehe auch: Chet Van Duzer: *The Mythic Geography of the Northern Polar Regions*: › *Inventio fortunata* ‹ *and Buddhist Cosmology*

Jacobus Cnoyen of Herzogenbusch: *Res gestae Arturi britanni*

Jonathan Swift: *Gullivers Reisen* (1726)

珊迪岛

Australia Directory Volume 2; 3rd Edition (1879)

圣布伦丹群岛

Anonymus: *Navigatio Sancti Brendani* (um 570)

Honorius von Regensburg: *De Imagine Mundi* (um 1100)

Gervasius von Tilbury: *Otia Imperialia* (Anfang 13. Jahrhundert)

Viera y Clavijo: *Noticias* (1772)

萨克森堡岛

Matthew Flinders: *A Voyage to Terra Australis* (1814)

未知的南部大陆

Ptolemäus: *Geographike Hyphegesis* (um 150)

Johannes Schöner: *Luculentissima* (1515); zitiert nach:Frank Berger (Hrsg.): *Der Erdglobus des Johannes Schöner von 1515.*(Henrich Editionen, Historisches Museum Frankfurt 2013)

图勒岛

Pytheas: *Über den Ozean*

Geminos: *Eisagoge*

Zitate in: Christian Marx: *Lokalisierung von Pytheas' und Ptolemaios' Thule*. In: *zfv − Zeitschrift für Geodäsie, Geoinformation und Landmanagement* (3/2014)

图阿纳基岛

Zitiert nach: Henry Stommel: *Lost Islands* (1984), dort als Tuanahe

威洛比地岛

Willoughbys Notizen in: Richard Hakluyt: *Principal Navigations*, Vol. 2. (1903)

John Pinkerton: *Voyages and Travels in all Parts of the World* (London 1808)

Eleanora C. Gordon: *The Fate of Sir Willoughby and His Companions: A New Conjecture*. In: *The Geographical Journal*, Vol. 152, No 2 (Juli 1986)

图书在版编目（CIP）数据

幻想岛屿：揭秘传说中的三十个传奇岛屿/（德）迪尔克·利瑟梅尔著；陈敬思译. —重庆：重庆大学出版社，2019.2
ISBN 978-7-5689-1344-7

I.①幻… II.①迪… ②陈… III.①岛-世界-普及读物 IV.①P931.2-49

中国版本图书馆CIP数据核字（2018）第199277号

幻想岛屿——揭秘传说中的三十个传奇岛屿
HUANXIANG DAOYU
—JIEMI CHUANSHUO ZHONG DE SANSHI GE CHUANQI DAOYU

［德］迪尔克·利瑟梅尔 著
陈敬思 译

策　划　重庆日报报业集团图书出版有限责任公司
责任编辑　安晓利
责任校对　谢　芳
装帧设计　媛　子
责任印制　邱　瑶

重庆大学出版社出版发行
出版人　易树平
社址　（401331）重庆市沙坪坝区大学城西路21号
电话　（023）88617190 88617185（中小学）
传真　（023）88617186 88617166
网址　http://www.cqup.com.cn
邮箱　fxk@cqup.com.cn（营销中心）
印刷　重庆巍承印务有限公司

开本：712mm×1000mm 1/16　印张：12　印数：5000　字数：124千
2019年2月第1版　2019年2月第1次印刷
ISBN 978-7-5689-1344-7　定价：88.00元

本书如有印刷、装订等质量问题，本社负责调换
版权所有，请勿擅自翻印和用本书制作各类出版物及配套用书，违者必究

Copyright © 2016 by mareverlag, Hamburg
The simplified Chinese translation rights arranged through Rightol Media
（本书中文简体版权经由锐拓传媒取得）
Email:copyright@rightol.com

版贸核渝字（2018）第007号
审图号：GS（2018）3333号